Ehab Frah
Bassam Ibrahim

Razões do baixo registo de nascimento no Sudão

Ehab Frah
Bassam Ibrahim

Razões do baixo registo de nascimento no Sudão

ScienciaScripts

Imprint

Cover image: www.ingimage.com

This book is a translation from the original published under ISBN 978-3-659-70759-9.

Publisher:
Sciencia Scripts
is a trademark of
Dodo Books Indian Ocean Ltd. and OmniScriptum S.R.L publishing group

120 High Road, East Finchley, London, N2 9ED, United Kingdom
Str. Armeneasca 28/1, office 1, Chisinau MD-2012, Republic of Moldova, Europe
Managing Directors: Ieva Konstantinova, Victoria Ursu
info@omniscriptum.com

Printed at: see last page
ISBN: 978-620-8-50649-0

Índice:

Capítulo 1

INTRODUÇÃO

1.1. Introdução geral:

O registo de nascimento, o registo oficial do nascimento de uma criança pelo governo, é um direito humano fundamental e um meio essencial para proteger o direito da criança a uma identidade.

Com base no direito a um nome e a uma nacionalidade, consagrado no artigo 7.º da Convenção sobre os Direitos da Criança, a Resolução da Assembleia Geral de 2002 "Um Mundo Apto para as Crianças" reafirma o compromisso dos governos de assegurar o registo de nascimento de todas as crianças e de investir, cuidar, educar e proteger as crianças contra danos e exploração. Para atingir estes objectivos, é necessário que os governos disponham de dados populacionais precisos para planear a prestação de serviços às crianças e aos seus cuidadores.

Por conseguinte, o registo de nascimento não é apenas um direito fundamental em si mesmo, mas é também fundamental para garantir o cumprimento de outros direitos. O registo de nascimento tem dois objectivos principais: jurídico e estatístico. Idealmente, o registo de nascimento faz parte de um sistema de registo civil eficaz que reconhece legalmente a existência da pessoa, permite que a criança obtenha uma certidão de nascimento, estabelece os laços familiares da criança e acompanha os principais acontecimentos da vida, desde o nascimento com vida até ao casamento e à morte. Os dados demográficos fornecidos pelo registo civil permitem que um país acompanhe as estatísticas, as tendências e os diferenciais da sua própria população. Quando desagregados, os dados podem ser utilizados para identificar as disparidades geográficas, sociais, económicas e de género dentro das fronteiras nacionais. A utilização destes dados pode levar a um planeamento e a uma implementação mais precisos das políticas e programas de desenvolvimento, nomeadamente nos domínios da saúde, educação, habitação, água e saneamento, emprego, agricultura e produção industrial.

A maioria dos países dispõe de mecanismos de registo de nascimentos. No entanto, a cobertura, o tipo de informação e a utilização dos dados diferem de país para país com base nas infra-estruturas, na capacidade administrativa para registar os nascimentos, nos fundos disponíveis para o registo, no acesso à população e na tecnologia para a gestão dos dados. Os níveis de registo variam substancialmente entre países devido a outros factores de influência.

1.2. Declaração do problema:

O registo de nascimento permite o reconhecimento legal da criança e o acesso aos serviços sociais. A Convenção das Nações Unidas sobre os Direitos da Criança, o tratado internacional de direitos humanos mais ratificado, reconhece o registo de nascimento como um direito fundamental. O registo de nascimento tem dois aspectos principais, o jurídico e o estatístico, o que significa que os beneficiários são tanto a criança, enquanto indivíduo, como a comunidade em geral. Embora nos últimos anos se tenha assistido a uma maior sensibilização para a importância do registo de nascimento, muitas crianças nascidas nos países em desenvolvimento continuam a não ser registadas. As estimativas da percentagem de registo de nascimento em diferentes países são aproximadas, o que pode ser atribuído à fraca infraestrutura de registo de nascimento e ao processamento de dados. O Sudão é um dos países onde o registo de nascimento está ainda longe de ser universal. Os dados disponíveis em diferentes relatórios mostram que 68,3% das crianças estão registadas. Este estudo foi realizado com o objetivo de analisar a situação atual do registo de nascimento no país para permitir a elaboração de recomendações de intervenções que possam ajudar a melhorar o sistema existente.

1.3. Objetivo do estudo:

1. Identificar e analisar os elementos constitucionais e legais que facilitam ou restringem o registo de nascimento no Sudão (a nível nacional, estatal, local e de base)
2. Analisar o registo de nascimento existente para um sistema (incluindo o papel dos líderes tradicionais) e as práticas no país (a nível nacional, estatal, local e de base).
3. Documentar a cobertura atual do registo de nascimento com dados nacionais e estaduais (desagregados por sexo, idade e região);
4. Construir uma base de dados sobre o número de registos de nascimento no Sudão.

1.4. Importância do estudo:

O registo de nascimento constitui uma prova legal da identidade, do estado civil, da idade, do estatuto de dependência na família e de uma grande variedade de direitos de um indivíduo. O registo de nascimento e a emissão da certidão de nascimento estão interligados. O registo de nascimento é muito importante para a obtenção da certidão de nascimento. A lei relativa ao RBD especifica claramente que os conservadores dos organismos locais são obrigados a emitir a certidão de nascimento gratuitamente, para os nascimentos comunicados no prazo de 21 dias após a ocorrência. A certidão de nascimento é importante para a identificação e proteção pessoal de um indivíduo, tal como indicado no facto de o nascimento poder ser necessário para provar a filiação, a relação familiar e a liquidação de direitos de propriedade. A certidão de nascimento é necessária para determinar a data de nascimento e comprovar a idade, o que pode ser exigido em vários domínios.

O registo de nascimento é importante para o governo atualizar as estatísticas sobre a população e prestar os serviços necessários com base na população.

1.5. Hipóteses do estudo:

A investigação formula as seguintes hipóteses:

1. O registo de nascimentos não melhorou com o tempo e continua sem qualquer procedimento progressivo no pedido de registo.
2. O sistema de registo é afetado pelo rácio entre os sexos, pelo MWRA e pelo número de instalações de saúde.
3. O documento de cobertura do registo de nascimento não reflecte a realidade.

1.6. Metodologia do estudo:

Neste estudo, utilizamos os dados secundários relativos ao registo de nascimentos no Sudão de 2000 a 2004, às mulheres em idade reprodutiva, ao número de unidades de saúde que prestam serviços de registo e à proporção entre os sexos. Os dados são discriminados por estado e por tempo, o que fornece dados de séries temporais e dados de secção transversal (estado do Sudão).

A primeira técnica consiste em combinar todos os dados de séries transversais e temporais e efetuar uma regressão por mínimos quadrados ordinários em todo o conjunto de dados. Utilizando efeitos fixos e efeitos aleatórios para estimar o modelo e testar a significância dos parâmetros e, por último, testar as hipóteses do estudo.

1.7. Organização do estudo:

O estudo é composto por cinco capítulos, que são os seguintes: O primeiro capítulo contém a introdução, os problemas, os objectivos, a importância, as hipóteses, a metodologia e a organização do estudo. O capítulo dois explica alguns estudos empíricos anteriores sobre o registo de nascimento. O capítulo três explica o sistema de registo de nascimento no Sudão. O capítulo quatro apresenta os resultados empíricos da estimativa. O capítulo cinco apresenta as conclusões e recomendações.

Capítulo 2

NASCIMENTO

REGISTO

2.1. Introdução:

O registo pode não ser considerado importante pela sociedade em geral, por um governo que enfrenta graves dificuldades económicas, por um país em guerra ou por famílias que lutam pela sobrevivência no dia a dia. Muitas vezes é considerado apenas uma formalidade legal, sem qualquer relação com o desenvolvimento, saúde, educação ou proteção da criança. Os principais factores que influenciam os níveis de registo de nascimento num país incluem: a magnitude do compromisso nacional para com o registo de nascimento como uma prioridade; o valor que os indivíduos e as famílias atribuem ao registo de nascimento; a existência de um quadro legislativo adequado; a existência de infra-estruturas suficientes para apoiar os aspectos logísticos do registo; e o número de barreiras que as famílias encontram durante o registo.

A um rapaz ou a uma rapariga cujo nascimento não esteja completamente registado e a quem não seja fornecida uma certidão de nascimento é negado o direito a um nome e a uma nacionalidade, uma situação que pode também conduzir a barreiras no acesso a outros direitos, incluindo cuidados de saúde, educação ou assistência social. Mais tarde na vida, os documentos de identidade ajudam a proteger as crianças contra o casamento precoce, o trabalho infantil, o alistamento prematuro nas forças armadas ou, se forem acusadas de um crime, de serem julgadas como adultos. O registo também permite que o indivíduo tenha acesso a outros documentos de identidade, incluindo um passaporte. O valor do registo de nascimento como direito humano fundamental é muitas vezes ignorado devido à contínua falta de consciência de que o registo é uma medida essencial para garantir o reconhecimento de cada pessoa perante a lei, para salvaguardar os seus direitos e para assegurar que qualquer violação desses direitos não passa despercebida.

O registo de nascimento é uma questão que tem merecido a atenção da comunidade internacional desde há algum tempo. O Pacto Internacional sobre os Direitos Civis e Políticos (PIDCP) estabelece que "todas as crianças devem ser registadas à nascença..." (artigo 1966.º do PIDCP).

A Convenção das Nações Unidas sobre os Direitos da Criança (CDC), de 1986, especifica que "a criança deve ser registada imediatamente após o seu nascimento e tem o direito de ter um nome e de adquirir uma nacionalidade" (artigo 1986 da CDC).

Apesar dos grandes esforços desenvolvidos pelas organizações internacionais e pelas Nações Unidas em particular, a situação do registo de nascimento não está a melhorar em muitos países em desenvolvimento. De acordo com o relatório da UNICEF de 1998, cerca de 40 milhões de crianças recém-nascidas não receberam registo de nascimento, 10,5 milhões das quais em África. O relatório da mesma organização de 2002 mostrou que o número de crianças não registadas em 2000 atingiu os 50 milhões (41% dos nascimentos em todo o mundo).

2.2. Requisitos para o registo de nascimento:

2.2.1 Requisitos gerais:

(a) Para os nascimentos ocorridos num estabelecimento de saúde, a pessoa responsável ou o seu representante deve obter todas as informações e assinaturas necessárias na certidão.

(b) Para os nascimentos ocorridos num estabelecimento de saúde ou enraizados num estabelecimento de saúde, o médico assistente deve certificar os factos do nascimento e fornecer as informações médicas exigidas pelo certificado.

(c) Quando o nascimento ocorrer fora de um estabelecimento de saúde, a certidão é preparada e arquivada por uma das seguintes pessoas, pela ordem de prioridade indicada

(i) O médico que assiste ao parto ou imediatamente após o parto ou, na sua ausência, o médico que assiste ao parto;

(ii) Qualquer outra pessoa que esteja presente no parto ou imediatamente após o parto; ou

(iii) O pai, a mãe ou, na ausência do pai e na impossibilidade da mãe, a pessoa responsável pelo local onde ocorreu o parto.

(d) O informador, de preferência a mãe (ou o pai, ou outro adulto que tenha conhecimento pessoal dos factos relativos ao nascimento) é responsável por fornecer os factos e assinar a ficha de trabalho do hospital para certificar que a informação está correta. O informador deve assinar a certidão de nascimento depois de a ter verificado quanto a erros.

(e) Todas as certidões de nascimento devem ser preenchidas no registo civil local.

(f) Se a certidão de nascimento for preenchida depois de dias, mas no prazo de um (1) ano a contar da data de nascimento, o Conservador dos Registos Vitais pode exigir provas documentais que confirmem os factos do nascimento.

2.2.2 Requisitos específicos:

(a) Requisitos quando a mãe era casada no momento da conceção ou do nascimento:

(i) Se a mãe era casada no momento da conceção ou do nascimento, o nome do marido é inscrito na certidão de nascimento como pai da criança, exceto se a paternidade tiver sido determinada de outro modo por um tribunal competente.

(ii) Se a mãe era casada no momento da conceção ou do nascimento, o apelido da criança pode ser determinado pelos pais legais. Quando se atribui a um filho um apelido diferente do do pai, ambos os progenitores devem certificar por escrito o seu acordo quanto ao apelido atribuído.

(b) Requisitos quando a mãe não era casada no momento da conceção ou do nascimento:

(i) Se a mãe não era casada no momento da conceção ou do nascimento, o nome do pai não é inscrito no certificado de nascimento, exceto se for recebida uma declaração notarial de reconhecimento da paternidade assinada por ambos os pais naturais ou se a paternidade tiver sido determinada por um tribunal competente.

(ii) Se a mãe não era casada no momento da conceção ou do nascimento, o apelido da criança é o mesmo que o apelido legal da mãe no momento do nascimento, exceto se for recebida uma declaração notarial de reconhecimento de paternidade assinada por ambos os pais naturais, indicando que o apelido da criança é o do pai.

2.2.3 . Bebés de filiação desconhecida:

Deve ser registado pelo Conservador do Estado e deve:

(a) A menção "Foundling" deve estar bem visível na margem superior do certificado;

(b) Indicar a data de nascimento aproximada;

(c) Indicar o local de nascimento como a cidade e o concelho em que a criança foi encontrada;

(d) Não contêm declarações de parentesco;

(e) Em vez da assinatura da pessoa que assistiu ao nascimento, indicar a assinatura da pessoa que tem a guarda da criança e, se for caso disso, o seu título.

2.3. Razões para a ausência de registo:

Há muitas razões para a falta de registo de nascimento em todos os países do mundo Perguntou-se aos encarregados de educação das crianças que não foram registadas: "Porque é que o nascimento de (nome) não foi registado?" As razões codificadas para análise foram as seguintes (Relatório da UNICEF de 2005).

- Custa demasiado
- Deve viajar demasiado longe
- Não sabia que a criança devia ser registada
- Atrasado e não quis pagar a coima
- Não sabe onde se registar
- Não sabe porque é que a criança não foi registada
- Outros motivos.

Os dados relativos às razões pelas quais uma criança não foi registada estavam disponíveis para 48 países. Infelizmente, em vários países, uma grande percentagem de respostas foi codificada como "outra razão" ou "não sei", ocultando potencialmente razões comuns para o não registo de uma criança. Com base no número restante de respostas que se enquadram nos motivos pré-codificados para o não registo, é possível determinar alguns dos principais motivos para o não registo através da classificação das respostas.

A razão mais comum citada em (20) países foi o facto de o registo de nascimento ser demasiado caro. Em (14) países, a distância até ao centro de registo foi o principal obstáculo ao registo dos seus filhos. Em oito países, o desconhecimento de que o nascimento deveria ser registado foi a razão mais comum apresentada pelos encarregados de educação para não registarem o seu filho. Embora o pagamento de uma taxa de atraso tenha sido a razão mais comum para o não registo em apenas dois países, foi a segunda razão mais comum em cinco outros países. A falta de conhecimento sobre onde registar foi o obstáculo mais comum na Serra Leoa e na Venezuela, e a segunda razão mais importante em cinco outros países. (Relatório da UNICEF 2005)

2.4. Diferenciais do Registo de Nascimento:

Pensa-se que o facto de o nascimento de uma criança ser registado depende de uma série de caraterísticas da criança e da sua família. Para explorar as relações entre o registo de nascimento, a discriminação e a capacidade de aceder a outros serviços e direitos, os dados de registo de nascimento específicos de cada país foram cruzados com diferentes variáveis de contexto e de proximidade disponíveis no Inquérito de Indicadores Múltiplos por Grupos (MICS) e no Inquérito Demográfico e de Saúde (DHS), permitindo a identificação de disparidades. A secção seguinte explora as relações entre as taxas de registo de nascimento e as caraterísticas socioeconómicas e demográficas da criança e da sua família, o acesso a outras oportunidades de desenvolvimento na primeira infância e o nível de conhecimentos do responsável pela criança.

2.4.1. Variáveis sócio-económicas e demográficas

Os níveis de registo de nascimento são frequentemente comunicados de forma agregada, ocultando potencialmente disparidades em termos de género, residência ou estatuto socioeconómico. O primeiro conjunto de diferenciais examinados são os níveis de registo de nascimento de crianças com menos de cinco anos, com base no sexo, idade e local de residência da criança, bem como na riqueza do agregado familiar, educação da mãe, condições de vida e religião ou etnia.

A. Género:

A paridade de género no registo de nascimento foi alcançada em 65% dos países analisados (rácio de diferença de género inferior a 0,02). Em muitos países, verificam-se disparidades de género que favorecem rapazes ou raparigas. Por exemplo, aproximadamente 80 por cento dos rapazes nos Camarões são registados, em comparação com 77 por cento das raparigas. Na Gâmbia, 34% dos rapazes e 30% das raparigas estão registados. Na Venezuela, as filhas têm mais probabilidades de serem registadas do que os filhos, com 91% dos rapazes e 93% das raparigas registados.

Conforme ilustrado, à medida que o nível global de registo de nascimento num país aumenta, o rácio entre os níveis de registo de nascimento masculino/feminino converge para 1:1. Quando um país atinge níveis totais de registo de nascimento superiores a 50 por cento, as disparidades de género são significativamente minimizadas.

As excepções a esta tendência incluem o Lesoto, onde os níveis totais de registo são de 51%, mas as raparigas estão em desvantagem, e as Maldivas, onde os níveis totais de registo são de 73%, mas os rapazes têm menos probabilidades de serem registados.

No Uganda, a probabilidade de os rapazes serem registados é apenas 80% superior à das raparigas. Na República Unida da Tanzânia, por outro lado, os rapazes têm mais probabilidades de serem registados do que as raparigas: 7,5 por cento dos rapazes são registados, mas apenas 5,4 por cento das raparigas o são. A Guiné Equatorial, com uma taxa nacional de registo de nascimento de 32%, é outro país com uma elevada proporção de homens e mulheres: 35% dos rapazes são registados, em comparação com 30% das raparigas (relatório da UNICEF 2005).

B. Local de residência:

Um obstáculo significativo ao registo de nascimento é a distância geográfica até à instalação de registo mais próxima. A acessibilidade é influenciada pela localização e pelo terreno, pelas infra-estruturas e pela disponibilidade de transportes. Quanto maior for a distância até ao centro de registo, maiores serão os custos financeiros e de oportunidade para a família. As populações urbanas estão menos sujeitas a estes constrangimentos, tal como indicado pelas diferenças nas taxas de registo urbano e rural em muitos países. Alguns países, como a República Democrática do Congo, a Guiné-Bissau, o Lesoto e o Ruanda, apresentam taxas de registo de nascimento mais elevadas nas zonas rurais do que nas zonas urbanas, em resultado de campanhas de registo de nascimento e de programas dirigidos às zonas rurais. Estes países não se encontram entre os que têm as taxas de registo de nascimento mais baixas - a taxa nacional de registo do Ruanda é de 65%. Na República Dominicana, onde as taxas nacionais de registo de nascimento são de 75 por cento, 82 por cento das crianças urbanas estão registadas, em comparação com 66 por cento das crianças rurais. Em Myanmar, o dobro da proporção de crianças urbanas (65%) está registada, em comparação com 31% das crianças rurais. Tal como indicado para as disparidades de género acima descritas, as disparidades no registo de nascimento devido ao local de residência diminuem à medida que os níveis globais de registo de nascimento aumentam.

Os países e territórios com elevados níveis de registo, como a Albânia, a Mongólia e o Território Palestiniano Ocupado, não apresentam disparidades nos níveis de registo com base no local de residência. Ilustra a forma como o rácio entre os níveis de registo de nascimento urbano e rural em África varia de país para país. As Comores e o Gabão são os países que mais se aproximam da paridade nas taxas de registo entre crianças urbanas e rurais, enquanto a Guiné-Bissau e o Lesoto favorecem as crianças rurais e as crianças urbanas na República Unida da Tanzânia e no Uganda têm uma probabilidade significativamente maior de serem registadas do que as suas homólogas rurais.

O mapeamento dos níveis de registo de nascimento por província ou distrito pode ilustrar onde existem disparidades no registo de nascimento alguns mapas de países ilustram países com níveis mais elevados de registo de nascimento em torno da capital e das cidades, com uma clara diminuição do registo mais longe das principais zonas populacionais. Outros apresentam níveis muito elevados de registo em áreas muito afastadas da capital. Por exemplo, na Guiné-Bissau, 47% das crianças rurais estão registadas, em comparação com 32% das crianças urbanas, devido a campanhas de registo significativas realizadas nas zonas rurais. No Níger, os níveis mais elevados de registo de nascimento estão concentrados em Ntamey, uma área dentro de uma província com baixos níveis de registo. (Relatório da UNICEF 2005).

C. Riqueza do agregado familiar:

O custo elevado foi a principal razão apontada para a falta de registo de nascimento em 20 países. O índice de riqueza divide a população em quintis, dos mais pobres aos mais ricos. Esta medida pode ser utilizada para analisar a disparidade nas taxas de registo de nascimento entre os segmentos mais pobres e mais ricos da sociedade. É possível comparar as disparidades entre países examinando o rácio dos níveis de registo de nascimento nos quintis dos agregados familiares mais ricos e mais pobres.

Na maioria dos países, o registo de nascimento é mais elevado entre os 20 por cento mais ricos da população. Por exemplo, os dados relativos ao Chade mostram que 46 por cento das crianças dos 20 por cento mais ricos da população estão registadas, enquanto apenas 13 por cento das crianças dos 20 por cento mais pobres estão. No Quénia, 66 por cento das crianças dos 20 por cento mais ricos estão registadas, em comparação com 31 por cento dos 20 por cento mais pobres. No Zimbabué, 69% das crianças dos 20% mais ricos estão registadas, mas apenas 28% das mais pobres o estão. A República Unida da Tanzânia é o país com a maior disparidade entre ricos e pobres: Apenas 2 por cento das 20 por cento das crianças mais pobres estão registadas, em comparação com 25 por cento das 20 por cento mais ricas. Os países da América Latina e das Caraíbas têm níveis relativamente elevados de registo em função da riqueza dos agregados familiares, mas ainda existem disparidades entre as populações mais ricas e mais pobres. Na República Dominicana, apenas 56% das crianças dos 20% mais pobres estão registadas, em comparação com 93% das crianças dos 20% mais ricos. Por outro lado, como indicado, na Bolívia, República Democrática do Congo, Guiné-Bissau e Lesoto, as crianças pobres têm mais probabilidades de serem registadas do que as crianças ricas. A Guiné-Bissau, onde os 20 por cento das crianças mais pobres têm duas vezes mais probabilidades de serem registadas do que os 20 por cento mais ricos, é o exemplo mais dramático desta tendência: cerca de 62 por cento das crianças mais pobres estão registadas, em comparação com 31 por cento das crianças mais ricas. As disparidades nas taxas de registo de acordo com o estatuto económico não se dissipam tão rapidamente como outras variáveis, à medida que as taxas de registo de nascimento aumentam. Observam-se elevados níveis de disparidade mesmo quando a proporção de crianças registadas ultrapassa os 70 por cento em países como os

Camarões, a República Centro-Africana, a Costa do Marfim, a República Dominicana, a Namíbia, a Nicarágua e o Vietname. medida que os níveis de registo de nascimento aumentam a nível nacional, diminuem as disparidades no registo de acordo com o índice de riqueza. (Relatório da UNICEF 2005).

D. Educação das mães:

O nível de escolaridade atingido pela mãe de uma criança tem demonstrado consistentemente ter uma influência significativa na saúde e no bem-estar da família. Para determinar se a informação sobre o registo de nascimento está a chegar às mães com pouca ou nenhuma escolaridade, as crianças que foram registadas podem ser tabuladas de acordo com o nível de escolaridade das suas mães. Observa-se uma associação positiva entre o registo de nascimento e o nível de escolaridade das mães. A proporção de crianças com registo de nascimento é mais elevada entre aquelas cujas mães receberam o ensino secundário. Os dados relativos à Colômbia demonstram que 76% das crianças cujas mães não receberam qualquer educação, 86% das crianças cujas mães receberam educação primária e 96% das crianças cujas mães receberam educação secundária estão registadas. Do mesmo modo, no Camboja, os níveis de registo de nascimento aumentam com a escolaridade da mãe e são de 16%, 23% e 34%, respetivamente. Na Zâmbia, onde o nível nacional de registo de nascimento é de apenas 10 por cento, os níveis de registo de nascimento aumentam substancialmente à medida que o nível de educação da mãe aumenta, passando de nenhum (5 por cento das crianças registadas) para o primário (9 por cento) e para o secundário ou superior (16 por cento das crianças registadas). Existem disparidades significativas nos níveis de registo de nascimento entre as crianças cujas mães receberam o ensino primário e aquelas cujas mães não receberam qualquer instrução. As maiores disparidades são observadas na República Unida da Tanzânia e na Zâmbia, os países com os níveis mais baixos de registo global. Na República Unida da Tanzânia, 5,6% das crianças cujas mães receberam o ensino primário estão registadas, em comparação com 2,7% das crianças cujas mães não receberam qualquer instrução. As disparidades persistem mesmo quando os níveis nacionais de registo de nascimento aumentam: O maior nível de disparidade é observado na Nigéria, onde a taxa nacional de registo é de 28%, enquanto 41% das crianças cujas mães receberam o ensino primário estão registadas, em comparação com 17% das crianças cujas mães não receberam qualquer educação. No Vietname, onde existem disparidades significativas nos níveis de registo de nascimento entre as crianças cujas mães receberam o ensino primário e aquelas cujas mães não receberam qualquer instrução. As maiores disparidades são observadas na República Unida da Tanzânia e na Zâmbia, os países com os níveis mais baixos de registo global. Na República Unida da Tanzânia, 5,6% das crianças cujas mães receberam o ensino primário estão registadas, em comparação com 2,7% das crianças cujas mães não receberam qualquer instrução. As disparidades persistem mesmo quando os níveis nacionais de registo de nascimento aumentam: O maior nível de disparidade regista-se em

Na Nigéria, onde a taxa nacional de registo é de 28%, 41% das crianças cujas mães receberam o ensino primário estão registadas, em comparação com 17% das crianças cujas mães não receberam qualquer instrução. No Vietname, onde a taxa nacional de registo de nascimento é de 72%, as crianças cujas mães receberam o ensino primário têm 86% mais probabilidades de serem registadas do que aquelas cujas mães não receberam educação. A situação inversa de discriminação é observada num pequeno número de países - sobretudo na Guiné Equatorial e no Togo. No Togo, onde a taxa nacional de registo de nascimento é de 82%, 82% das crianças cujas mães não frequentaram a escola estão registadas, em comparação com 34% das crianças cujas mães frequentaram a escola primária. Verifica-se uma disparidade muito menor nas taxas de registo entre as crianças cujas mães frequentaram o ensino primário e aquelas cujas mães frequentaram o ensino secundário. Os casos excepcionais de disparidade em que as crianças cujas mães frequentaram o ensino secundário têm uma probabilidade muito maior de serem registadas do que aquelas cujas mães frequentaram apenas o ensino primário incluem a Guiné Equatorial, o Togo e a República Unida da Tanzânia. Na Guiné Equatorial, 28% das crianças cujas mães frequentaram o ensino secundário estão registadas, em comparação com 6% das crianças cujas mães apenas frequentaram o ensino primário, enquanto no Togo as taxas de registo são de 100% e 34%, respetivamente. (Relatório da UNICEF 2005).

E. Condições de vida:

Pensa-se que a situação familiar de uma criança tem impacto nas taxas de registo de nascimento. As crianças que vivem com ambos os pais podem ter um nível mais elevado de registo de nascimento do que as que não vivem com nenhum dos pais, ou as que vivem apenas com a mãe ou o pai. Em muitos países, as crianças que vivem apenas com o pai têm os níveis mais elevados de registo de nascimento, mais elevados até do que as crianças que vivem com ambos os pais. Angola, a República Dominicana, a República da Moldávia e Myanmar são exemplos deste fenómeno. É de salientar que o número de casos disponíveis em que as crianças vivem apenas com os pais é limitado. As crianças que não vivem com nenhum dos progenitores são as que apresentam as maiores taxas de não registo com base na forma como vivem. (Relatório da UNICEF 2005).

F. Religião e etnicidade:

A religião e a etnia são variáveis de fundo adicionais que podem estar associadas a níveis diferenciados de registo de nascimento. As comunidades que falam uma língua diferente da maioria nacional, por exemplo, podem não conseguir utilizar os materiais educativos psicossociais existentes, desenvolvidos para a população maioritária. As práticas religiosas e culturais influenciam por vezes as práticas de saúde, como o tipo de cuidados procurados (ir a um curandeiro tradicional ou a uma mulher sábia quando está doente, em vez de ir a um médico ou hospital). Dez dos inquéritos DHS analisados incluem dados sobre religião e cinco incluem dados sobre etnia que foram cruzados com as taxas de registo de nascimento. Embora se possa pensar que pertencer ao grupo religioso ou étnico maioritário aumentaria a probabilidade de uma criança ser registada à nascença, a associação varia de país para país. No Benim, o grupo étnico de maioria Fon tem o nível mais elevado de registo de nascimento (69,3 por cento) dos grupos que foram codificados no DHS, em comparação com 61,7 por cento das crianças beninenses em geral. Por outro lado, na Namíbia, o grupo étnico maioritário Oshiwambo tem níveis mais baixos de registo de nascimento (65,6 por cento) do que quatro dos grupos étnicos e do que o nível nacional de 70,5 por cento. No entanto, devido ao facto de pertencerem a um grupo religioso ou étnico minoritário, as amostras de crianças pertencentes a estes grupos são muitas vezes demasiado pequenas para serem consideradas significativas e o erro de amostragem deve ser considerado. (Relatório da UNICEF 2005).

2.4.2. Variáveis próximas:

O potencial registo de nascimento de uma criança pode influenciar ou ser influenciado por diferentes eventos que ocorrem desde o nascimento da criança até aos cinco anos de idade. Os serviços para a primeira infância podem constituir um ponto de acesso para o registo, e a probabilidade de a criança ser registada pode estar relacionada com o facto de o parto ter sido assistido por um assistente qualificado, de a criança ter recebido suplementos de vitamina A e vacinas, e de a criança ter participado na educação da primeira infância. Por outro lado, o registo pode ser necessário para aceder a alguns destes serviços, pelo que o facto de a criança estar ou não registada é um fator determinante para o cumprimento de direitos adicionais.

A. Nascimento assistido por profissional de saúde qualificado:

Em muitos hospitais e centros de saúde, as crianças são registadas imediatamente após o nascimento. No entanto, as mulheres que dão à luz em casa ou em locais alternativos muitas vezes não têm o benefício ou a facilidade do registo imediato dos seus filhos recém-nascidos.

Os dados dos países africanos apoiam claramente a hipótese de que as crianças nascidas de partos assistidos por pessoal qualificado têm um nível mais elevado de registo de nascimento. Por exemplo, no Zimbabué, 45% dos nascimentos assistidos por pessoal qualificado são registados, em comparação com 26% dos que não o são. Os níveis são mais dramáticos no Benim, onde as crianças cujos nascimentos não foram assistidos por pessoal de saúde qualificado têm taxas de registo de 28%, em comparação com 74% para aquelas cujas mães foram assistidas no parto. Embora menos dramática, a associação também pode ser observada noutras regiões. Na Guiana, os níveis de registo de nascimento são de 95% para os nascimentos assistidos por pessoal qualificado, em comparação com 85% para os que não são, enquanto nas Filipinas estes níveis são de 86% e 65%, respetivamente. (Relatório da UNICEF 2005).

B. Vacinação:

Os esforços de imunização proporcionam uma oportunidade para os profissionais de saúde serem alertados para a ausência de um cartão de saúde ou certidão de nascimento, levando a que a vacinação seja vista como um potencial "ponto de entrada" para o registo de uma criança, bem como a oportunidade de emitir um cartão de saúde. Os níveis de registo de nascimento tendem a aumentar com o número de vacinas necessárias recebidas. Os países onde a vacinação infantil e o registo de nascimento estão estreitamente relacionados incluem o Benim (82% das crianças que receberam todas as vacinas estão registadas, em comparação com 22% que não receberam vacinas), o Chade (41% vs. 6%), Myanmar (42% vs. 14%), Níger (86% vs. 22%) e a República Unida da Tanzânia (8% vs. 0,4%). A vacinação não está consistentemente relacionada com disparidades no registo de nascimento. Na Suazilândia, onde o nível nacional de registo é de 53%, foi alcançada a paridade nas taxas de registo de nascimento entre crianças que foram totalmente vacinadas e crianças que não receberam qualquer vacinação, enquanto que, inversamente, na Colômbia e no Uzbequistão, onde os níveis nacionais são superiores a 90%, as disparidades no registo de nascimento estão associadas ao facto de uma criança ter sido ou não vacinada, com rácios de 1,8 e 1,3, respetivamente. (Relatório da UNICEF 2005).

Capítulo 3

SISTEMA DE REGISTO DE NASCIMENTO NO SUDÃO

3.1. Introdução:

A história do registo oficial de nascimento remonta a 1900, durante a era colonial. Foi um ato do gabinete do governador-geral. O registo de nascimento foi iniciado num número limitado de centros urbanos (por exemplo, Cartum, Atbra e Wadi Halfa). Os principais utilizadores deste serviço eram os estrangeiros residentes no Sudão (britânicos, sírios e pessoas de outras nacionalidades), que utilizavam as instalações de saúde disponíveis para o parto dos seus filhos. Os cidadãos nacionais tinham um acesso muito limitado ao registo de nascimento, devido a vários factores, como o elevado nível de analfabetismo, o afastamento das instalações de registo de nascimento e o desconhecimento da importância do registo de nascimento. Em 1929, foi promulgada uma lei que regulamenta o registo de nascimento, mas o acesso ao registo de nascimento a nível nacional continuou a ser limitado. O registo de nascimento como evento vital era da responsabilidade do Ministério da Saúde, através do seu Departamento de Informação sobre Saúde, em coordenação com o Gabinete Central de Estatística (CBS). O sistema de registo de nascimento esteve centralizado até 1993. Todos os dados de registo de nascimento eram recolhidos no Gabinete de Registo de Nascimento sob a alçada do (CBS). Com a introdução do sistema federal de governação no Sudão em 1993, o registo de nascimento também foi descentralizado e cada Estado estabeleceu a sua própria base de dados de registo de nascimento. Embora os serviços estatais sejam obrigados a enviar relatórios regulares à sede do Registo Civil para manter a base de dados nacional

3.2. Sistema Administrativo de Registo de Nascimento:

De um modo geral, o processo de registo de nascimento é realizado a três níveis: Nacional, estatal e de base.

Tabela (3.1): O sistema administrativo sudanês de registo de nascimento.

Nível administrativo	Autoridades competentes
Nível nacional	Registo Civil / Ministério da Saúde (MS)
Nível estatal	Conservatória do Registo Civil / Ministério da Saúde
Nível local	Comissão da Saúde /Estatístico da Saúde.

Nível da cidade	Instituições de saúde / Parteiras.
Nível de base (aldeia e comunidades móveis).	Pessoal do Ministério da Saúde (médicos, parteiras) ou pessoas encarregadas em zonas onde não existem instalações de saúde.

Fonte: Estudo - dados secundários maio.2006

De acordo com os regulamentos administrativos em vigor no país, o registo de nascimento desde o primeiro dia de nascimento até aos três meses de idade é da responsabilidade das instituições de saúde (hospitais, comissões de saúde nas localidades, etc.). As crianças com mais de três meses e até aos quinze anos de idade são registadas na Conservatória do Registo Civil da sua área. O registo de crianças com mais de três meses na Conservatória do Registo Civil requer uma decisão judicial notarial. As crianças com mais de quinze anos que não estejam registadas são encaminhadas (com uma carta de não registo da Conservatória do Registo Civil) para a Comissão Médica (que funciona com base numa lei publicada em 1974) para estimativa da idade. Não existe qualquer sistema de feedback da Comissão Médica para o Registo Civil. A única ligação entre o Registo Civil e a Comissão Médica é que o Registo Civil emite uma carta de não registo para as pessoas com mais de 15 anos de idade e apresenta-lhes uma certidão de nascimento se os seus dados de registo de nascimento não constarem do registo de nascimento. A estimativa de idade tem um impacto negativo em diferentes esferas da vida, porque nunca reflecte a idade exacta.

3.3. Situação do registo de nascimento:

3.3.1. Máquinas de registo de nascimento:

As entrevistas com informadores-chave posicionais revelaram as seguintes informações:

Apesar de a lei do registo civil ter sido publicada em 2001, o registo civil começou a funcionar oficialmente em 1 de janeiro de 2005, sob a tutela do Ministério do Interior. A infraestrutura funcional do Registo Civil ainda não foi criada devido aos trabalhos preparatórios necessários. Foi criada uma comissão especial para elaborar um plano de trabalho que, depois de estudar a experiência adquirida com o registo civil noutros países, elaborou um plano de trabalho para a introdução do registo civil no Sudão. Desde a sua criação oficial, o Registo Civil abriu delegações em todos os Estados do Norte do país, começando a tratar dos registos de nascimento e de óbito e de outros assuntos civis. Atualmente, as suas actividades relacionadas com o BR limitam-se ao registo tardio (após três meses e até aos 15 anos de idade) e à emissão de certidões de nascimento (extrato oficial do registo geral de nascimento) e de cartas de não registo. Os principais constrangimentos e obstáculos à implementação imediata das actividades planeadas estão relacionados principalmente com a falta de recursos financeiros e de pessoal formado. As actividades relacionadas com o registo atempado de nascimentos continuam a ser realizadas pelos funcionários do Ministério da Saúde e os relatórios sobre os eventos de nascimento são enviados ao Registo Civil mensalmente e anualmente.

Atualmente, o registo de nascimento é efectuado a três níveis:

3.3.1.1. Nível de base:

A notificação do nascimento é feita, na maior parte das vezes, pelas parteiras, que normalmente assistem aos partos em casa ou em estabelecimentos de saúde rurais. Se o nascimento da criança ocorrer em casa, a parteira em causa tem de registar este acontecimento vital no seu próprio livro (livro de exercícios normal)

As seguintes informações são necessárias para o registo:

1. Nome da criança.
2. Sexo da criança.
3. Hora e data de nascimento.
4. Nome do pai (quatro nomes completos), idade, profissão, religião e local de residência
5. Nome da mãe (quatro nomes completos), profissão e local de residência.
6. Nome do informador.

As informações registadas por uma parteira devem ser entregues no estabelecimento de saúde mais próximo da sua área de residência, para que se proceda à notificação do nascimento no prazo máximo de uma semana. A entidade competente do estabelecimento de saúde (geralmente o funcionário do serviço de estatísticas de saúde ou o profissional de saúde encarregado) inscreve as informações no registo prescrito (livro de registo de nascimento n.º 1), ou seja, um livro com colunas pré-impressas e páginas numeradas, e em seguida emite uma certidão de nascimento após o pagamento de taxas (que podem variar de um local para outro, variando entre 1100 e 3000 DSE), as variações das taxas dependem em grande medida das taxas de serviço aplicadas à emissão da certidão de nascimento pelas autoridades locais, que dependem de estimativas locais. Não existe uma disposição clara na lei que fixe as taxas de emissão de certidões.) Esta certidão de nascimento deve ser recebida por um dos tutores da criança mas, por vezes, a parteira notificadora recebe a certidão e entrega-a à família da criança. O estudo observou que não existem medidas de supervisão ou corretivas exercidas pelas autoridades para controlar as taxas de emissão de certidões de nascimento.

O registo de nascimento ao nível das bases é ainda fraco, o que se reflecte no baixo nível de cobertura nas zonas rurais do país, que pode ser adivinhado pelo número de crianças que frequentam a escola, sem terem certidões de nascimento.

Os constrangimentos que se colocam ao registo de nascimento a este nível são os seguintes

7. Baixo nível de sensibilização da população em geral para a importância do registo de nascimento.
8. Falta de campanhas de promoção do registo de nascimento.
9. Baixo nível de formação do pessoal de saúde (parteiras) no domínio do registo de nascimento, o que conduz, na maior parte das vezes, a informações incompletas fornecidas por estes profissionais para o registo de recém-nascidos.
10. Baixo nível de literacia entre as parteiras, especialmente em zonas remotas, onde os partos são assistidos pelas chamadas parteiras de aldeia ou parteiras tradicionais. A maioria delas não tem educação básica nem formação formal em obstetrícia.
11. Constrangimentos logísticos, como o afastamento das instituições de saúde
12. Condicionalismos jurídicos e legislativos:

- As parteiras tradicionais não certificadas (TBAs), que assistem aos partos em zonas rurais, são analfabetas e podem recear informar sobre os partos assistidos devido ao seu estatuto legal de parteiras não certificadas.
- A legislação não prevê tempo suficiente para o registo, tendo em conta a natureza geográfica do país e o nível de disponibilidade dos serviços de registo.

3.3.1.2. A nível local e municipal:

Cada localidade tem de ter uma comissão de saúde na sua estrutura. Esta comissão de saúde deve ser responsável pela introdução dos dados de nascimento recebidos das parteiras ou de outros notificadores no (Livro de Registo de Nascimento n.º 1), que é um documento oficial emitido pelo Ministério Federal da Saúde - Centro Nacional de Informação Sanitária. O livro tem um número de série para cada página (original e uma cópia). Depois de registar os dados neste livro, a pessoa responsável da comissão de saúde emite uma certidão de nascimento. Mensalmente, a localidade envia uma cópia do registo preenchido (Livro 1) para o Ministério da Saúde ou, por vezes, para as autoridades do Registo Civil, onde são armazenados para utilização futura e emissão da certidão de nascimento para as pessoas que se apresentam tardiamente.

Figura (3.1): Fluxograma do registo de nascimento

1. Nascimento em casa

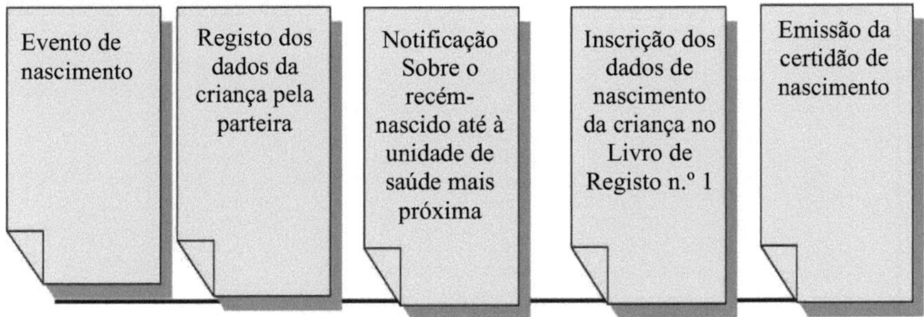

2. Nascimento num estabelecimento de saúde:

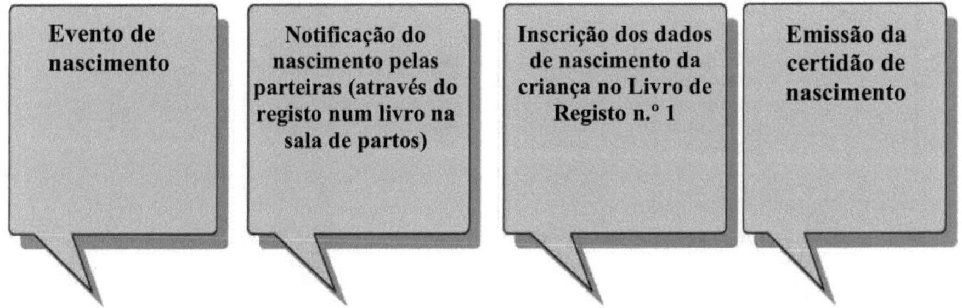

*Fonte: construído pelo investigador.

3.3.1.3. A nível nacional:

É essencial que exista uma unidade central (nacional) com pessoal a tempo inteiro para o registo de nascimento no país, que seja responsável pelas alterações legislativas, coordenação, normalização de formulários e práticas, gestão da base de dados central e processamento de dados. Esta função continua a ser desempenhada pelo Centro Nacional de Informação sobre Saúde (NHIC) do Ministério Federal da Saúde (FMOH). Este centro coordena as suas actividades de registo de nascimento com o Registo Civil recentemente criado.

Até 1993, a legislação e a gestão de dados do sistema de registo de nascimento no Sudão eram centralizadas. Todos os dados sobre o registo de nascimento eram enviados de diferentes partes do país para o NHIC e o CBS, onde eram processados, divulgados e armazenados. Os dados do registo de nascimento, em combinação com outros dados vitais, são utilizados pelas autoridades relevantes para o desenvolvimento de indicadores nacionais (por exemplo, análise das taxas de fertilidade e mortalidade por idade e desenvolvimento de projecções de alterações demográficas) e para o planeamento de políticas de desenvolvimento, particularmente nos domínios da saúde, educação, habitação, água e saneamento e outros serviços. De acordo com o chefe da Conservatória do Registo Civil de Cartum, "o último relatório de estatísticas vitais foi elaborado em 1968".

Figura (3.2): Nível de registo de nascimento e fluxo de dados :

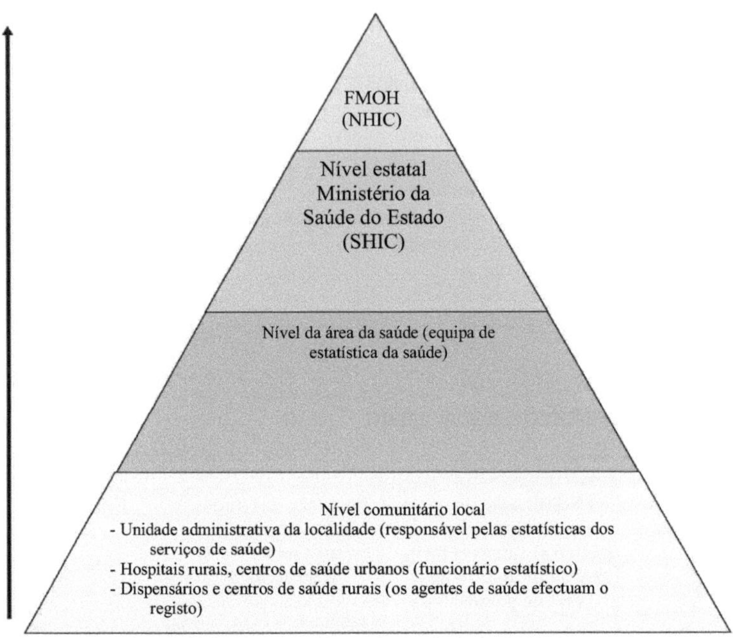

*Fonte: construído pelo investigador.

3.3.2. Fluxo de dados do registo de nascimento:

De acordo com a Lei do Registo Civil de 2001, todos os estabelecimentos de saúde envolvidos no registo de nascimento devem enviar uma cópia do registo de nascimento ao Secretário do Registo Civil da sua área no prazo de 15 dias após o nascimento. Nas zonas onde não existem serviços de saúde, a lei permite a delegação das actividades de registo de nascimento a pessoas ou entidades encarregadas, que são obrigadas a comunicar os eventos vitais, incluindo o evento do nascimento, num prazo máximo de 30 dias. A prática atual é a seguinte: se o nascimento ocorrer em casa, a parteira que assiste ao parto apresenta-se no prazo de uma semana ao estabelecimento de saúde mais próximo, fornecendo informações para o registo da criança em causa. Após o registo no livro de registo especificado, as autoridades sanitárias emitem uma certidão de nascimento após o pagamento de taxas que podem variar de um local para outro e, se o estabelecimento de saúde não tiver livros de certidões de nascimento, encaminham a família para a localidade, que normalmente obtém formulários de certidões de nascimento do Ministério da Saúde do Estado mediante o pagamento de taxas que variam de um Estado para outro (por exemplo, 7500 SDD no Estado de Cartum) para um livro com 50 certidões. A localidade envia um relatório mensal (cópia do livro de registo de nascimento n.º 1) ao S/NHIC, seguido da entrega anual do original à mesma autoridade. O S/NHIC remete igualmente todos os relatórios recebidos para a Conservatória do Registo Civil.

As fracas infra-estruturas, o sistema rudimentar de transferência de dados e os distúrbios civis em algumas partes do país tornaram o fluxo de dados muito limitado e ineficaz. Os dados provenientes dessas partes do país não estão disponíveis ou acessíveis.

Figura (3.3) Caraterísticas gerais do fluxo de dados de nascimento:

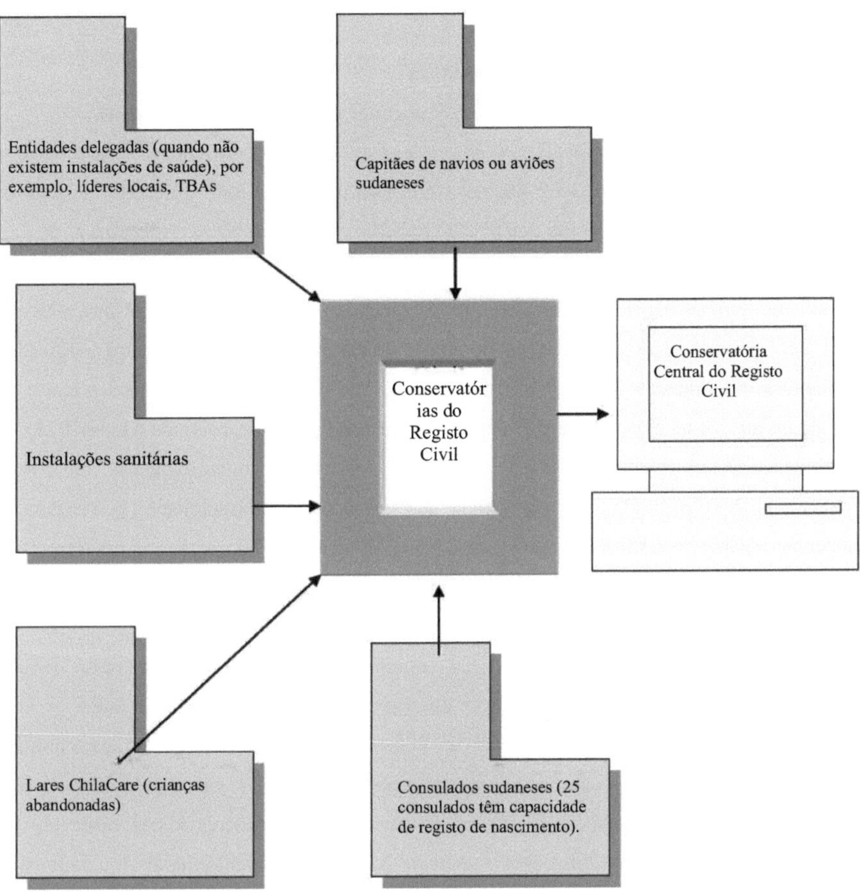

*Fonte: construído pelo investigador.

3.4. Entrevistas com informadores-chave:

As entrevistas realizadas com funcionários do Registo Civil, pessoal de saúde, líderes comunitários e administradores escolares foram úteis para dar uma ideia do funcionamento do sistema de registo de nascimento nas suas respectivas áreas geográficas. As questões mais importantes levantadas por quase todos os funcionários do Registo Civil entrevistados estavam relacionadas com o plano de introdução do registo civil a todos os níveis da comunidade, através de uma rede de gabinetes (atualmente o Registo Civil tem 285 gabinetes no país e 25 unidades de registo nas embaixadas sudanesas em todo o mundo), mas o facto de ser uma instituição recém-criada (janeiro de 2005), o Registo Civil enfrenta muitos constrangimentos que têm de ser ultrapassados, por exemplo a)

Obstáculos à expansão geográfica das actividades de registo civil e atribuídos à falta de recursos financeiros necessários para estabelecer as infra-estruturas necessárias.

b) Falta de pessoal e de formação.

c) . Necessidade de servir uma vasta área geográfica

d) Barreiras naturais e artificiais (más estradas e insegurança nalgumas partes do país).

Entre as dificuldades institucionais que os serviços estabelecidos enfrentam, mencionadas por alguns participantes que trabalham no Registo Civil, está o facto de todo o trabalho de registo de nascimento e emissão de certidões ser manual. "O trabalho manual é muito trabalhoso e pode levar à deterioração do documento de registo, devido à procura muito frequente e repetida dos dados necessários no livro de registo", afirmou um dos funcionários do Registo Civil da Conservatória de Kassala. Para além dos dados incompletos do registo de nascimento fornecidos pelos notificadores, isso cria outras dificuldades tanto para os utilizadores como para os prestadores de serviços e pode levar a alguns atrasos na emissão dos documentos necessários (tempo consumido nas verificações).

Atualmente, a Conservatória do Registo Civil presta serviços relacionados apenas com o registo tardio de nascimento, emitindo o (Extrato Oficial do Registo Geral de Nascimento), que se considera desempenhar o papel de certidão de nascimento. Está planeada a introdução de um novo formato de certidão de nascimento que contém, para além dos dados de nascimento, informações sobre o estado de imunização da criança.

Os informadores-chave entre os líderes comunitários falaram sobre o baixo nível de sensibilização do público para a importância do registo de nascimento. Quase todos os líderes comunitários entrevistados em todos os locais de estudo afirmaram que, de momento, eles próprios e outras estruturas comunitárias locais não têm qualquer papel no registo de nascimento. Embora alguns tenham mencionado a importância do futuro envolvimento dos líderes locais neste processo, principalmente na defesa e sensibilização, o aumento dos líderes comunitários apelou à eliminação das taxas impostas à emissão da certidão de nascimento. Este foi o pedido mais comum dos líderes comunitários no Kordufan do Sul, que consideraram as taxas sobre as certidões de nascimento como uma das barreiras enfrentadas pela população local, agravada pela falta de instalações de saúde na maior parte das zonas rurais da região e pelo seu afastamento das cidades, onde existem serviços disponíveis: "os serviços estão concentrados nas zonas urbanas e as viagens custam-nos demasiado caro, e muitas pessoas não podem suportar estes custos e deixam os seus filhos sem registo", referiu um dos anciãos da comunidade na cidade de Deleng. Os administradores escolares dos diferentes Estados tinham opiniões diferentes sobre o registo de nascimento. Em Cartum, todos os diretores de escolas mencionaram que o nível de sensibilização entre os habitantes da capital é bastante elevado. Os seus colegas do Kordufan do Sul exprimiram opiniões opostas e afirmaram que muitas crianças matriculadas na escola não possuem certidões de nascimento devido ao baixo nível de sensibilização da população em geral e aos elevados custos que têm de suportar durante o processo de registo e obtenção da certidão de nascimento.

"Muitas crianças não têm certidão de nascimento, especialmente as que vêm das zonas rurais", referiu uma administradora escolar em Deleng. Um funcionário do Ministério da Educação na mesma cidade apelou à isenção de taxas sobre a certidão de nascimento, para além da expansão dos serviços de registo para chegar às aldeias. Acrescentou: "Apelo à realização de campanhas de registo que se concentrem nas crianças não registadas, que frequentam as escolas e naquelas que não conseguiram encontrar o caminho para a escola. A certidão de nascimento deve ser emitida gratuitamente".

Os diretores das escolas do Estado de Kassala referiram que há algumas crianças que vêm para serem inscritas na escola, mas não têm certidões de nascimento, pelo que as aceitamos na condição de as trazerem mais tarde".

Os profissionais de saúde relacionados com o registo de nascimento a nível local (parteiras) referiram que ainda existem alguns constrangimentos no seu trabalho, como a falta de formato de notificação oficial e, por vezes, a falta de formato de certidão de nascimento. (Esta situação é mais evidente nas zonas rurais e remotas). Outros constrangimentos mencionados foram as dificuldades financeiras que enfrentam para viajar longas distâncias para notificar o nascimento. Este facto levou-os a esperar algum tempo pela entrega de notícias para poderem notificar todos de uma só vez.

Um médico referiu que existem muitos obstáculos ao registo de nascimento na região, incluindo "o baixo nível de sensibilização do público, a falta de parteiras com formação na maioria das zonas rurais e as dificuldades financeiras que a população local enfrenta para obter certidões de nascimento". As sugestões que fez para melhorar a cobertura do registo de nascimento foram as seguintes

- Campanhas de sensibilização.
- Redução ou dispensa de pagamento das taxas relativas às certidões de nascimento.
- Formação de parteiras.
- Introduzir regulamentos que tornem as certidões de nascimento obrigatórias para a inscrição na escola e para a candidatura a empregos.
- Criação de balcões do Registo Civil e de instalações de saúde a nível das aldeias.
- Visitas de controlo das autoridades superiores.
- Equipas móveis para o registo de nascimento em zonas remotas.

No Estado de Kassala, o pessoal de saúde levantou problemas semelhantes aos acima referidos (falta de sensibilização, especialmente nas zonas rurais, falta de apoio financeiro)

Uma parteira de Cartum referiu que "costumava notificar os nascimentos num período não superior a sete dias e até trazer comigo as certidões de nascimento emitidas, pagando as taxas do meu próprio bolso e reembolsando-as depois à família da criança, mas algumas pessoas deixaram de as vir buscar e isso desencorajou-me de o fazer" (mostrou mesmo certidões de nascimento datadas de 1994 e 1997 que ainda aguardavam ser recolhidas pelos seus proprietários).

Outra parteira de Omdurman referiu que as taxas sobre as certidões de nascimento e as multas por registo tardio criam uma barreira para as famílias pobres registarem os seus filhos ou obterem uma certidão de nascimento.

3.5. Análise da situação:

Atualmente, muitas pessoas no Sudão (especialmente nas zonas rurais) ainda não registam os nascimentos dos seus filhos, uma vez que o registo de nascimento não tem qualquer objetivo ou benefício reconhecível para elas. Ao analisar o sistema de registo de nascimento no país, foram observadas várias caraterísticas comuns, das quais a mais evidente é a fraca infraestrutura do Registo Civil recentemente criado (sob a tutela do Ministério do Interior), que deverá tratar de todas as questões relacionadas com os assuntos civis, incluindo o registo de nascimento. A fragilidade das infra-estruturas é agravada pela falta de um mecanismo de coordenação funcional entre as autoridades relacionadas com o registo da população (Registo Civil, Ministério da Saúde e CBS). A ausência de uma coordenação funcional clara manifesta-se no facto de o registo de nascimento ser efectuado pelo pessoal do Ministério da Saúde, mas o sistema de notificação não seguir canais claros. Por vezes, o Registo Civil recolhe os relatórios de registo de nascimento de algumas unidades de saúde, enquanto outras unidades enviam os relatórios ao Ministério da Saúde. Atualmente, não são fornecidos dados ao CBS, que é (de acordo com a Lei Estatística de 2003 emitida pelo Conselho de Ministros e ratificada pela Assembleia Nacional em dezembro de 2003) o recurso final básico do Estado, nos domínios da estatística (as estatísticas da população são um dos domínios mais importantes para o planeamento de políticas). Em todas as áreas onde o estudo foi realizado, o registo a todos os níveis continua a ser um processo manual de trabalho intensivo e a transmissão de informações de registo a todos os níveis não é automatizada. Uma vez que a coordenação entre as diferentes autoridades é vital para a precisão e eficiência do sistema de registo de nascimento no país, o estudo observou o seguinte: O Ministério do Interior possui uma rede nacional de gabinetes locais, que podem facilitar o registo de eventos vitais a nível local, mas ainda carecem de pessoal suficiente com experiência nesta área, enquanto o Ministério da Saúde tem sob a sua administração instalações de cuidados de saúde primários, centros de saúde e hospitais onde ocorrem muitos dos eventos vitais (por exemplo, nascimentos) e um número considerável de pessoal com experiência razoável no registo de nascimentos. No entanto, a utilização dos registos vitais envolve geralmente vários ministérios e departamentos do governo. Todos estes factos devem ser tidos em conta na conceção e funcionamento do sistema de registo

Outra área problemática observada é a necessidade de formação do pessoal, desde o nível de base (parteiras, TBAs, pessoas de confiança, etc.) até ao nível mais elevado, para garantir que o sistema de registo seja mais eficiente e atrativo para a população em geral.

As taxas de registo de nascimento em todos os Estados para os quais existem relatórios disponíveis são ainda baixas, exceto no Estado de Cartum, que tem a taxa de registo mais elevada do país, atingindo cerca de 78,4% (em 2004).

As barreiras ao registo de nascimento no país podem ser resumidas da seguinte forma:

a) . .Barreiras gerais:

- Baixo nível de sensibilização para o registo de nascimento (como um direito básico) e para as futuras implicações negativas do não registo.
- Perceção comum do registo de nascimento como uma mera formalidade legal, que nada tem a ver com o desenvolvimento futuro da criança (acesso a serviços e documentos de identificação).
- Falta de apoio ativo ao registo de nascimento por parte das autoridades nacionais e locais.

b) Barreiras políticas e administrativas:

- Longos anos de instabilidade política e de guerra civil. (Inacessibilidade de algumas zonas e deslocações forçadas).
- Fraco empenho político (provavelmente devido ao desconhecimento dos políticos e funcionários públicos da importância do registo de nascimento no planeamento de políticas).
- Infra-estruturas deficientes e, por vezes, um sistema de registo de nascimento mal coordenado.
- Falta de serviços de registo de nascimento funcionais e de proximidade, num país em que mais de 70% da população vive em zonas rurais, com fracas infra-estruturas de serviços sociais.
- Baixo nível de formação do pessoal envolvido no registo de nascimento, especialmente ao nível das bases (parteiras das aldeias), onde algumas delas são mesmo analfabetas. Isto leva a que os dados fornecidos para o registo de nascimento sejam incompletos ou incorrectos.
- Não disponibilidade de formulários adequados para o registo de nascimento (especialmente em zonas remotas)

c) Barreiras culturais:

Criado por algumas tradições locais, como a relutância em mencionar o nome da mãe para completar o registo. (por exemplo, algumas tribos do Sudão Oriental) e o medo do "mau-olhado" no Kordufan do Sul.

d) . Barreiras financeiras:

- Dotações orçamentais ineficazes para os FE.
- Escassez de materiais de base, como formulários e certidões de nascimento.

- O registo tardio pode implicar custos consideráveis, para além dos custos de obtenção da certidão de nascimento, e procedimentos judiciais morosos.

e) . Obstáculos legislativos:

- A legislação não prevê tempo suficiente para o registo, tendo em conta o afastamento geográfico e as condições climáticas.
- Falta de publicidade ou de sensibilização para a atual legislação em matéria de registo de nascimento.
- A legislação exige procedimentos judiciais para o registo tardio, o que desencoraja as pessoas de se registarem.

Capítulo 4

ESTATÍSTICA

ANÁLISE

4.1. Descriptive Analysis of Coverage of Birth Registration in Sudan (Análise descritiva da cobertura do registo de nascimento no Sudão):

Os dados foram recolhidos principalmente a partir de fontes secundárias (relatórios, livros, etc.). Não existem estimativas precisas das taxas de registo de nascimento no país devido ao sistema rudimentar de registo de nascimento, recolha, transferência e processamento de dados. Uma consideração importante para a exatidão e integridade do sistema de registo de nascimento é o número e a distribuição das instalações locais de registo e a sua acessibilidade ao público. A grande área geográfica, o terreno difícil, a falta de transportes, a baixa densidade populacional e a agitação civil em algumas zonas do país podem tornar difícil e inviável a localização de instalações de registo em zonas remotas. Por estas razões, a atualidade, a exatidão e a cobertura do registo de nascimento variam frequentemente de forma significativa entre cidades, vilas e zonas rurais e mesmo entre Estados.

Os resultados seguintes representam a informação obtida sobre a taxa de registo de nascimento a nível nacional e estadual (16 Estados do Norte). *(Os dados relativos aos Estados do Sul não estavam disponíveis).*

Tabela (4.1): Informações gerais (TFR, MWRA, AGR, Número de crianças < um ano (02003 -2004)

S. Não	Estado	TFR	MWRA (000)	AGR	crianças com menos de um ano 2003	crianças com menos de um ano 2004
1.	Cartum	4.8	741	3.67	174029	1804416
2.	Gezera	5.5	520	2.79	122229	125639
3.	Nilo Branco	6.4	259	2.47	56469	57864
4.	Nilo Azul	7.1	125	2.92	23760	24454
5.	Sinnar	5.9	202	2.53	44463	45588

6.	Rio Nilo	4.8	134	1.81	29129	29656
7.	Norte	4.8	81	1.58	21155	21892
8.	Kassala	7	265	2.51	56071	57478
9.	Gadaref	7	267	3.19	56184	57976
10	Mar Vermelho	4.7	123	0.32	17442	17498
11.	N.Kordufan	5.7	246	1.52	54747	55574
12.	S.Kordufan	7.6	191	1.38	43048	43642
13.	Kordufan Ocidental	6.4	178	1.33	40826	41369
14	N.Darfur	7.2	280	3.16	59419	61297
15.	S.Darfur	7.2	542	2.41	113533	117404
16.	W.Darfur	6.5	288	2.37	58636	60026

Fontes de dados: Projecções Populacionais (CBS) e Inquérito à Maternidade Segura - Relatório Nacional
1999 (FMOH, CBS & UNFPA)

Esta tabela representa a informação demográfica geral dos dezasseis estados do norte do Sudão, como TFR, MWRA, AGR e crianças com menos de um ano em 2003 e 2004.

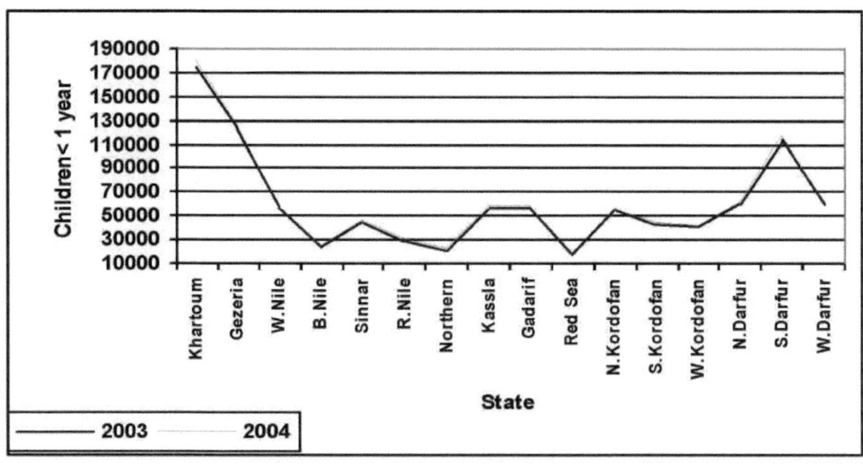

Fig (4.1): Representação gráfica da população infantil com menos de um ano nos dezasseis estados do Norte do Sudão (2003 - 2004).

Os gráficos da população infantil com menos de um ano nos dezasseis estados do norte do Sudão representam os nascimentos de 2003 e 2004 são muito próximos.

Tabela (4.2): Média e variância de nascimentos registados por estado e Sudão (2000 - 2004):

S. Não	Estado	Média	Desvio
1	Cartum	118760	278523614.8
2	Gezeria	34503	1932079373
3	W.Nilo	8079	1152303.2
4	B.Nilo	1850	4586807.3
5	Sinnar	5924	2281219.7
6	R.Nilo	7256	2856519.7
7	Norte	8610	71785.3
8	Kassla	14435	65627206.8
9	Gadarif	21396	27023570.2
10	Mar Vermelho	11126	1251468.5
11	Cordofão do Norte	7656	38898604.8
12	Cordofão do Sul	5284	970097.8
13	Cordofão Ocidental	1330	1511423.3
14	N.Darfur	6056	19721871.8
15	S.Darfur	1426	1990616
16	W.Darfur	932	440945.5
17	***Sudão***	***254624***	***5412433158***

Fonte: Cálculo do próprio investigador

O quadro acima mostra a média e a variância do registo de nascimento do Estado. Verificamos que a média está próxima do número de registos, mas a variância é muito grande, o que indica que os dados estão muito afastados da média.

Quadro 4.3: Taxa de registo de nascimento do Sudão (2000-2004)

Sudão / Ano	**2000**	**2001**	**2002**	**2003**	**2004**
População com menos de um ano	1106698	1135804	1165676	1215547	1246300
Registado	211346	205582	229070	243662	383459

Não registado	895352	930222	936606	971885	862841
% de registo	19	18	20	20	31

Fontes: Número de crianças gerado a partir das projecções demográficas do Sudão 1993-2018 (CBS). Os números de crianças registadas foram extraídos dos relatórios anuais de saúde do FMOH

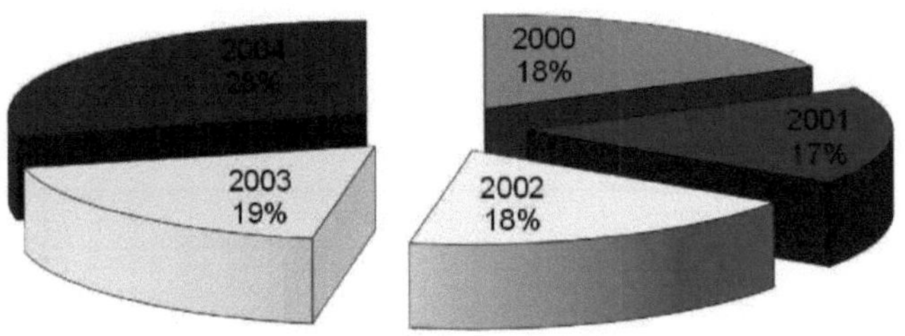

Fig 4.2 Representação gráfica da taxa de registo de nascimentos no Sudão (2000 - 2004)

A situação geral da cobertura do registo de nascimento no país está a melhorar lentamente durante o período de 2000 a 2004, mas ainda está muito aquém da universalidade. A taxa global de registo aumentou de 19% em 2000 para 31% em 2004.

Tabela (4.4): Percentagem de cobertura do registo de nascimento nos Estados do Norte (2003-2004)

S. Não	Estado	crianças com menos de um ano 2003	Número de registo	Reg. Taxa % 2003	crianças com menos de um ano 2004	Número de registo	Reg. Taxa % 2004
1.	Cartum	174029	130117	74.8	1804416	140915	78.1
2.	Gezera	122229	16263	13.3	125639	112998	89.9
3.	Nilo Branco	564469	7791	13.4	57864	9953	17.2
4.	Nilo Azul	23760	3195	10.4	24454	1169	4.8

5.	Sinnar	44463	44463	29.8	45588	8302	18.2
6.	Rio Nilo	29129	8688	29.8	29656	9005	30.4
7.	Norte	21155	8729	41.3	21892	8816	40.3
8.	Kassala	56071	6234	11.1	57478	27882	48.5
9.	Gadaref	56184	25218	44.9	57976	12360	21.3
10	Mar Vermelho	17442	11086	63.6	17498	11622	66.4
11.	N.Kordufan	54747	5803	10.6	55574	18657	33.6
12.	S.Kordufan	43048	6457	15.0	43642	5613	12.9
13.	Kordufan Ocidental	40826	1939	4.7	41369	2492	6.0
14	N.Darfur	59419	3025	5.1	61297	12291	20.1
15.	S.Darfur	113533	3677	3.2	117404	521	0.4
16.	W.Darfur	58636	801	1.4	60026	881	1.5

Fonte: Relatórios anuais de saúde FMOH

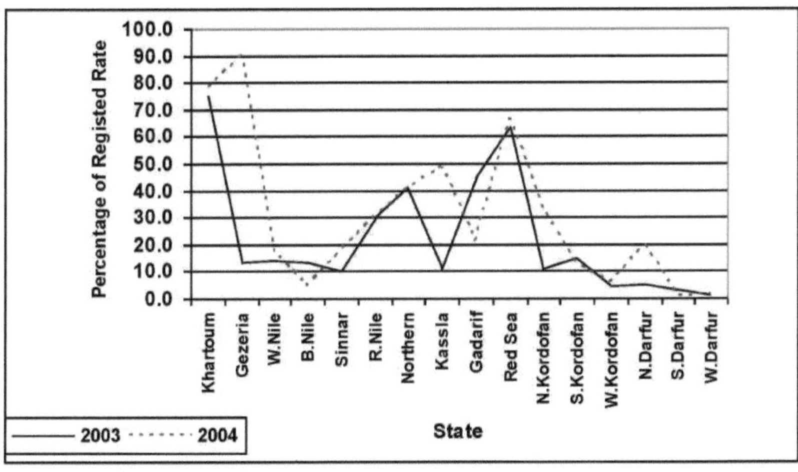

Fig 4.3 Representação gráfica da percentagem da taxa de registo de nascimento por Estado (2003 - 2004).

Tabela (4.5): Comparação do registo de nascimento nos Estados do Norte (2003-2004)

S. Não	Estado	% de registo 2003	% de registo 2004	Diferença %	Observações
1.	Cartum	74.8	78.1	3.3	Ligeiros progressos
2.	Gezeria	13.3	89.9	76.6	Progressos consideráveis
3.	W.Nilo	13.8	17.2	3.4	Ligeiros progressos
4.	B.Nilo	13.4	4.8	-8.6	Regressão considerável
5.	Sinnar	10.4	18.2	7.8	Progresso
6.	R.Nilo	29.8	30.4	0.5	Ligeiros progressos
7.	Norte	41.3	40.3	-1	Ligeira regressão
8.	Kassala	11.1	48.5	37.4	Progressos consideráveis
9.	Gadarif	44.9	21.3	-23.6	Regressão considerável
10.	Mar Vermelho	63.6	66.4	2.8	Ligeiros progressos
11.	Cordofão do Norte	10.6	33.6	23	Progressos consideráveis
12.	Cordofão do Sul	15.0	12.9	-2.1	Ligeira regressão
13.	Cordofão Ocidental	4.7	6.0	1.3	Ligeiros progressos
14.	N.Darfur	5.1	20.1	15	Progressos consideráveis
15.	S.Darfur	3.2	0.4	-2.8	Regressão considerável
16.	W.Darfur	1.4	1.5	**0.1**	Progressos muito ligeiros

Fonte: Cálculo do próprio investigador.

O quadro acima mostra as taxas de registo de nascimento em 16 Estados do Norte do Sudão para 2003 e 2004, e uma comparação entre estas taxas para mostrar o progresso feito durante este período.

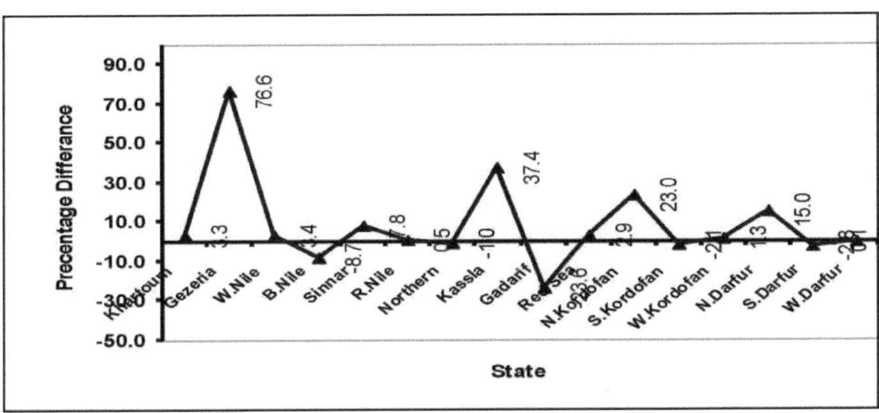

Fig 4.4 Representação gráfica das diferenças percentuais de estado (2003- 2004)

As informações acima referidas permitem tirar as seguintes conclusões sobre a situação atual do registo de nascimento nos Estados do Norte:

(i)A cobertura do registo de nascimento varia de um local para outro.

(ii) Foram observados progressos consideráveis na cobertura nos seguintes Estados: Gazera, Kassala, N.Kordufan, N.Darfur e Sinnar. Seguiram-se Cartum, Nilo Ocidental, Kordufan Ocidental, Mar Vermelho, Nilo Oriental e Darfur Ocidental, que registaram progressos moderados no registo de nascimento

(iii) Registou-se uma diminuição da cobertura nos Estados do B. Nilo, Gadarif, S. Darfur e S. Kordufan. Este quadro mostra que 12 Estados (de um total de 16) registaram vários graus de progresso, enquanto os restantes quatro apresentaram uma diminuição da cobertura. A diminuição da cobertura na parte ocidental do país pode ser atribuída à agitação civil na zona. Uma observação que deve ser mencionada é que, embora o Estado de Kassala tenha registado melhorias na cobertura do registo de nascimento durante o ano passado, há zonas no Estado que permanecem inacessíveis devido a razões de segurança.

Tabela (4.6): Taxa de registo de nascimento do Sudão por sexo (2000-2004)

Ano	Masculino %	Feminino %
2000	53.1	46.9
2001	54.7	45.3
2002	52.3	47.7
2003	47.4	52.6
2004	39.6	60.4

Fonte: Relatórios anuais de saúde FMOH

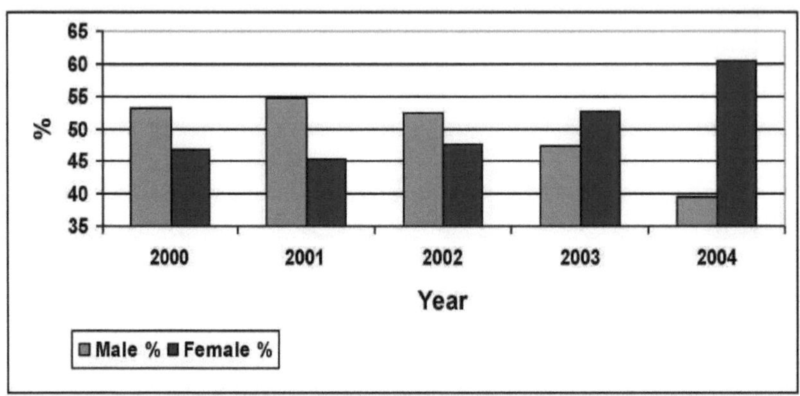

Fig 4.5 Representação gráfica da taxa de registo de nascimento por sexo (2000-2004)

Não se observam desigualdades de género no registo de nascimento. O não registo ocorre entre ambos os sexos devido às barreiras que o registo de nascimento enfrenta em geral e que são mencionadas noutras partes deste relatório. Mesmo as percentagens de mulheres registadas durante os últimos dois anos são mais elevadas do que as percentagens de homens (o que também pode ser atribuído ao rácio entre os sexos à nascença durante este período).

4.2 Agrupamento de dados:

Vamos falar de dados em que as variáveis variam tanto ao longo do tempo como entre unidades transversais. Referir-nos-emos sempre às unidades como i = 1, 2 ..., N, e aos pontos temporais como t = 1, 2, ...T . O número total de observações (ou seja, linhas de dados na folha de cálculo) é igual a NT. Algumas convenções gerais para nomear estes tipos de dados são:

4.2.1. Os dados de painel referem-se geralmente a dados que são dominados por secções transversais; isto é, em que N é significativamente maior do que T. Exemplos disso são os estudos de painel NES (N = 2000, T = 3) ou o Estudo de Painel da Dinâmica do Rendimento (N = grande, T = 12 ou mais). Estes dados têm geralmente um T fixo, pelo que a assintótica destes dados está em N, o que é importante (voltaremos a este assunto).

4.2.2. Os dados transversais de séries temporais (TSCS) significam geralmente dados em que ou T é dominante, ou N-T. Estes dados são comuns na política comparada. Mas também se pode referir a dados em que N é dominante, mas T é maior do que nos dados de painel (por exemplo, dados de IR de todos os anos, com N = vários milhares e T = 50 ou mais). Aqui, N é normalmente fixo e a assintótica está em T; além disso, se tivermos dados suficientes, podemos dizer algo sobre as propriedades das séries temporais dos dados, bem como sobre a parte transversal.

4.2.3. Estrutura de dados:

Nos dados do painel ou do TSCS, temos várias linhas de dados para cada unidade de observação. Esses dados são organizados da seguinte forma:

ID	T	Y	X1	- - -
1	1	250	3.4	- - -
1	2	290	3.3	- - -
- - -	- - -	- - -	- -	- - -
- - -	- - -	- - -	- -	- - -
2	1	160	4.7	- - -
2	2	150	4.9	- - -
- - -	- - -	- - -	- -	- - -
- - -	- - -	- - -	- -	- - -

Ao analisar esses dados, é uma boa prática transmitir periodicamente os dados relativos às variáveis identificadoras N e T.

4.2.2. Questões gerais de regressão do TSCS:

Pense num modelo de regressão geral para dados transversais:

$$Y_i = \alpha + \beta x_i + \upsilon_i \qquad (4.1)$$

Este modelo parte de vários pressupostos:

- Todos os pressupostos habituais do método OLS, mais
- O facto de o termo constante ser constante em diferentes
- O facto de o efeito de uma dada variável X sobre Y ser constante em todas as observações (pelo menos, na medida em que a não-constância não esteja especificada no modelo, por exemplo, através de termos de interação).

Podemos escrever um modelo semelhante no contexto do TSCS da seguinte forma:

$$Y_{it} = \alpha + \beta x_{it} + \upsilon_{it} \qquad (4.\ 2)$$

Note-se que este modelo assume os mesmos pressupostos que o anterior, especialmente no que respeita aos efeitos das constantes e das covariáveis.

Em qualquer contexto de regressão, os dois pressupostos mencionados são críticos; a sua violação conduz a uma forma de enviesamento da especificação. No contexto do SCST, estes dois pressupostos serão frequentemente problemáticos. Isto porque, uma vez que estamos a observar várias unidades ao longo do tempo, há geralmente alguma razão para acreditar que pode haver diferenças em *a* □ ou^ ao longo de i ou t.

4.3 . Estimação de modelos agrupados:

Existem várias formas de utilizar a informação sobre a estrutura dos dados agrupados na estimativa de uma equação. Pode estimar um modelo de interceção fixa ou aleatória, ou talvez um modelo com variáveis selecionadas que tenham coeficientes diferentes entre secções transversais, bem como coeficientes AR (1) separados. Por outro lado, poderia estimar uma equação separada para cada unidade de secção transversal.

A classe de modelos que podem ser estimados utilizando um objeto pool pode ser escrita como

$$Y_{it} = \alpha + \beta X_{it} + \varepsilon_{it} \qquad \textbf{(4. 3)}$$

Em que Yit é a variável dependente, e Xit e P_r são -vectores de regressões não constantes e parâmetros para i = 1, 2 , ... , N unidades de secção transversal. Cada unidade de secção transversal é observada durante períodos datados t = 1, 2, ... T .

Embora a maior parte da nossa discussão seja feita em termos de uma amostra equilibrada, podemos ver estes dados como um conjunto de regressões específicas de secções transversais, de modo que temos N equações de secções transversais:

$$Y_i = \alpha + \beta X_i + \varepsilon_i \qquad \textbf{(4. 4)}$$

Cada um com observações, empilhadas umas sobre as outras. Para efeitos de discussão, referir-nos-emos à representação empilhada:

$$Y = \alpha + \beta + \varepsilon \qquad \textbf{(4. 5)}$$

Em que a ,0 e X são definidos para incluir quaisquer restrições aos parâmetros entre unidades transversais.

A matriz de covariância residual para este conjunto de equações é dada por:

$$\Omega = E(\varepsilon\varepsilon') = E\begin{pmatrix} \varepsilon_1^2 & \varepsilon_1\varepsilon_2 & \ldots\ldots & \varepsilon_1\varepsilon_N \\ \varepsilon_1\varepsilon_2 & \varepsilon_2^2 & \ldots\ldots & \varepsilon_2\varepsilon_N \\ \varepsilon_N\varepsilon_1 & \varepsilon_N\varepsilon_2 & \ldots\ldots & \varepsilon_N^2 \end{pmatrix} \qquad \textbf{(4.6)}$$

A especificação básica trata a especificação do agrupamento como um sistema de equações e estima o modelo utilizando o OLS do sistema. Esta especificação é adequada quando os resíduos são contemporaneamente não correlacionados e homoscedásticos no período e na secção transversal:

$$\Omega = \sigma^2 I_N \otimes I_T \qquad \textbf{(4. 7)}$$

Os coeficientes e as suas covariâncias são estimados utilizando as técnicas habituais de OLS aplicadas ao modelo empilhado.

4.3.1. Efeitos fixos:

O estimador de efeitos fixos permite que a IA seja diferente entre as unidades de secção transversal, estimando diferentes constantes para cada secção transversal, calcula os efeitos fixos subtraindo a média "interna" de cada variável e estimando o OLS utilizando os dados transformados:

$$Y_i - \bar{Y}_i = (Xi - X^{\sim}i)\beta + (\varepsilon_i - \bar{\varepsilon}_i) \quad (4.8)$$

Where $\bar{Y}_i = \sum_t Y_{it}/T$, $\bar{X}_i = \sum_t X_{it}/T$, and $\bar{\varepsilon}_i = \sum_t \varepsilon_{it}/T$ **(4. 9)**

As estimativas da matriz de covariância dos coeficientes são dadas pela fórmula habitual de covariância OLS aplicada ao modelo com diferenças médias:

$$\text{Var}(b_{FE}) = \hat{\sigma}^2{}_w \left(\tilde{X}'\tilde{X}\right)^{-1} \quad (4.10)$$

Em que $X^{\sim}$ representa a média diferenciada de X, e

$$\hat{\sigma}^2{}_w = \frac{e'_{FE'}e_{FE}}{NT - N - K} = \frac{\sum_{it}\left(\tilde{y}_{iy} - \tilde{x}'_{it} b_{FE}\right)^2}{NT - N - K} \quad (4.11)$$

Onde eFE eFE é o SSR do modelo de efeitos fixos. Se o conjunto não for equilibrado, NT é substituído pelo número total de observações, excluindo os valores em falta. Os efeitos fixos propriamente ditos não são estimados diretamente. Apresentamos os efeitos fixos estimados calculados a partir de

$$\hat{\alpha}_i = \sum_t (\bar{Y} - \bar{X}' b_{FE}) / N \quad (4.12)$$

Os erros padrão não são reportados para os coeficientes de efeitos fixos. Se desejar obter erros padrão para os efeitos fixos, deve reestimar um modelo sem interceção, incluindo o termo constante como um regressor específico de secção transversal. Deve ter em atenção que estimar o modelo de regressão constante específico de secção transversal com um grande número de unidades de secção transversal pode ser demorado e pode resultar em estimativas menos precisas do que as obtidas utilizando a opção de efeitos fixos.

Tabela (4.7): ***Resultados do modelo de efeitos fixos***

Variável dependente: BIRTH? **Método: Mínimos quadrados agrupados** **Amostra: 2000 2004** **Observações incluídas: 5** **Número de secções transversais utilizadas: 16** **Total de observações do painel (equilibrado): 80**

Variável	Coeficiente	Erro Std.	Estatística t	Prob.
LITRACIA?	-74.7485	278.6194	-0.26828	0.7894
UNIDADE?	-462.296	138.7324	-3.33228	0.0015
MWRA?	-33.2464	16.45521	-2.02042	0.0478
SRATIO?	1036.822	292.503	3.544652	0.0008
Efeitos fixos				
KHAR--C	105927.6			
GEZ--C	45580.86			
WNIL--C	-51666.2			
BNIL--C	-92145.5			
SIN--C	-67987.3			
RNIL--C	-14272.9			
NORT--C	-48864			
KAS--C	-54028.2			
GAD--C	-56952.7			
VERMELHO--C	-80846.8			
NKOR--C	-60646.1			
SKOR--C	-65063.8			
WKOR--C	-75577.1			
NDAR--C	-70809.7			
SDAR--C	-70890.5			
WDAR--C	-85800.8			
R-quadrado	0.912899	Média var dependente		15913.99
R-quadrado ajustado	0.885318	S.D. var dependente		30077.78
S.E. da regressão	10185.78	Soma dos resíduos ao quadrado		6.23E+09
Estatística F	209.6197	Estatística de Durbin-Watson		2.061749
Prob(estatística F)	0.000000			

*Fonte: Resultado do pacote E-views.

A tabela acima mostra *a saída* do Eviews para estimar o modelo através da utilização de efeitos fixos:

Os parâmetros, mulheres em idade reprodutiva, número de unidades de saúde que prestam serviços de registo e rácio entre os sexos são significativos, uma vez que a probabilidade é inferior a *5%*, exceto a taxa de alfabetização, o que significa que os registos de nascimento são afectados pelo número de mulheres em idade reprodutiva, número de unidades de saúde que prestam serviços de registo e rácio entre os sexos.

1. O R-quadrado é de 0,91, o que representa uma boa previsão dos valores da variável dependente, e o R-quadrado ajustado é de 0,89, o que representa uma boa adequação do modelo.
2. A estatística de Durbin-Watson é de 2,06, o que significa que não há problema de correlação serial entre os erros do modelo.
3. A estatística F é 209,62 e a probabilidade F é 0,000, ou seja, inferior a *1%*, pelo que o modelo é significativo e aceita a hipótese alternativa de que o registo de nascimento é afetado pelo rácio entre os sexos, MRWA e número de unidades de saúde.
4. Modelo de efeito fixo:

BIRTH_KHAR = C(5) + C(1)*LITRACY_KHAR + C(2)*UNIT_KHAR + C(3)*MWRA_KHAR + C(4)*SRATIO_KHAR

Coeficientes substituídos:

BIRTH_KHAR=105927.6007-74.7484782*LITRACY_KHAR-462.2955202*UNIT_KHAR-33.24636714*MWRA_KHAR+1036.821537*SRATIO_KHAR

De acordo com os resultados apresentados na equação de Cartum acima, verificamos que C(5) é a interceção do modelo e C(1) , C(2), C(3) e C(4) representam o coeficiente do modelo das variáveis literacia ,.unidade de saúde , casamento de mulheres em idade reprodutiva e rácio sexual .

4.3.2. Efeitos aleatórios

O modelo de efeitos aleatórios pressupõe que o termo a_{it} é a soma de uma constante comum a e de uma variável aleatória específica da secção transversal invariante no tempo *ui* que não está correlacionada com o resíduo *it* . Estima-se o modelo de efeitos aleatórios utilizando os seguintes passos:

1) Utilize os resíduos eFE do modelo de efeitos fixos para estimar a variância de Sit utilizando σ^2 w como descrito acima.

2) Estimar o modelo entre grupos (média transversal) e calcular:

$$\hat{\sigma}_B^2 = \frac{e'_B e_B}{N-K} \quad , \quad \hat{\sigma}_u^2 = \hat{\sigma}_B^2 - \frac{\hat{\sigma}_w^2}{T} \qquad \textbf{(4. 13)}$$

Em que e'_B e_B é o SSR da regressão entre grupos. Se o

$\sigma 2\ u$ estimado é negativo,. No caso de existirem observações em falta, de modo que *Ti* varia entre secções transversais, utilizar-se-á a maior para calcular as estimativas da variância. Este procedimento é consistente, desde que o número de observações em falta seja assintoticamente negligenciável

3) Aplicar o método OLS às variáveis transformadas por GLS (X inclui o termo constante e os regressores x)

$$y_{it}^{*} = y_{it} - \hat{\lambda}\, \bar{y}_{i}, \qquad X_{it}^{*} = X_{it} - \hat{\lambda}\, \bar{X}_{i} \qquad (4.\ 14)$$

Onde $\hat{\lambda} = 1 - \frac{\hat{\sigma}_W}{\hat{\sigma}_B}$

A saída apresenta as estimativas dos parâmetros para o *0* derivado de (3). Os erros padrão são calculados utilizando o estimador padrão da matriz de covariância, também apresenta estimativas dos valores dos efeitos aleatórios. Estes valores são calculados utilizando a fórmula:

$$\hat{u}_i = \frac{\hat{\sigma}_u^2}{\hat{\sigma}_B^2} \left(\Sigma y_{it} - x_{it} b_{RE}\right) \qquad (4.15)$$

produzindo o melhor preditor linear não enviesado de ui.

4) Por último, apresenta as estatísticas sumárias ponderadas e não ponderadas. As estatísticas ponderadas são da equação GLS estimada na etapa (3). As estatísticas não ponderadas são derivadas utilizando os resíduos do modelo original com base nos parâmetros e no efeito aleatório estimado na etapa (3):

$$\varepsilon_{it} = y_{it} - X_{it} b_{RF} - \hat{u}_i \qquad (4.\ 16)$$

Tabela (4.8): ***Resultados do modelo de efeitos aleatórios:***

Variável dependente: BIRTH?
Método: GLS (Componentes de Variância)
Amostra: 2000 2004
Observações incluídas: 5
Número de secções transversais utilizadas: 16
Total de observações do painel (equilibrado): 80

Variável	Coeficiente	Erro Std.	t-Estatística	Prob.
C	-152029	34236.48	-4.44056	0.0000000
LITRACIA?	371.4826	274.6982	1.35233	0.1803000
UNIDADE?	79.44455	84.36198	0.94171	0.3494000
MWRA?	16.79421	15.83718	1.06043	0.2924000
SRATIO?	1395.283	323.2509	4.31641	0.0000000
Efeitos aleatórios				

KHAR--C	56736.18		
GEZ--C	-1003.99		
WNIL--C	-5247.12		
BNIL--C	-9269.64		
SIN--C	-5186.2		
RNIL--C	-14845.2		
NORT--C	-4509.19		
KAS--C	150.4892		
GAD--C	2226.753		
VERMELHO--C	-16469.8		
NKOR--C	3150.995		
SKOR--C	4215.752		
WKOR--C	3035.829		
NDAR--C	788.0221		
SDAR--C	-10244.9		
WDAR--C	-3528.03		
Regressão transformada GLS			
R-quadrado	**0.838458**	**Variável dependente média**	**15913.99**
R-quadrado ajustado	**0.829843**	**S.D. var dependente**	**30077.78**
S.E. da regressão	**12407.12**	**Soma dos resíduos ao quadrado**	**1.15E+10**
Estatística de Durbin-Watson	**0.932317**		
Estatísticas não ponderadas incluindo efeitos aleatórios			
R-quadrado	**0.870565**	**Variável dependente média**	**15913.99**
R-quadrado ajustado	**0.863661**	**S.D. var dependente**	**30077.78**
S.E. da regressão	**11105.94**	**Soma dos resíduos ao quadrado**	**9250000000**
lDurbin-Watson	**1.163575**		

*Fonte: Resultado do pacote E-views

A *tabela* acima mostra *a saída do Eviews* para estimar o modelo através da utilização de efeitos aleatórios:

1. Os parâmetros "mulheres em idade reprodutiva", "número de unidades de saúde que prestam serviços de rastreio" e "taxa de alfabetização" não são significativos, uma vez que a probabilidade é superior a *5%*, exceto o rácio entre os sexos, o que significa que o registo de nascimento é afetado apenas pelo rácio entre os sexos.
2. O R-quadrado é de 0,84, o que representa uma boa previsão dos valores da variável dependente, e o R-quadrado ajustado é de 0,83, o que representa uma boa adequação do modelo.
3. A estatística de Durbin-Watson é de 1,163, o que significa que existe um problema de correlação serial positiva no modelo entre os erros.

4. Modelo de efeito aleatório:

BIRTH_KHAR = C (6) + C (1) + C (2)*LITRACY_KHAR + C (3)*UNIT_KHAR + C (4)*MWRA_KHAR + C (5)*SRATIO_KHAR

Coeficientes substituídos:

KHAR_NASCIMENTO = 56736,1821 - 152029,2788 + 371,4825842*KHAR_LITRACA + 79.44455197*UNIT_KHAR+16.79421412*MWRA_KHAR+ 1395.283143*SRATIO_KHAR

De acordo com os resultados apresentados na equação de Cartum acima, verificamos que C(6) é a interceção do modelo e C(1) , C(2), C(3) e C(4) representam o coeficiente do modelo das variáveis literacia, unidade de saúde, mulheres casadas em idade reprodutiva e rácio entre os sexos .

Capítulo 5

RESULTADOS E RECOMENDAÇÕES

5.1. Resultados:

A implementação de um sistema de registo de nascimento através de um Registo Civil é um processo lento, que requer um acompanhamento intensivo e contínuo e um compromisso a longo prazo por parte do Governo. Será necessário algum tempo para desenvolver um entendimento comum das funções-chave desse sistema e da sua importância. A situação geral do registo de nascimento no país é caracterizada por uma cobertura limitada e uma coordenação pouco clara entre as instituições, tanto a nível central como local, e por algumas barreiras geográficas e financeiras. Há muitas áreas que ainda precisam de ser estudadas em profundidade (por exemplo, especificidades geográficas e culturais...) para desenvolver um quadro jurídico claro e um mecanismo de coordenação entre todas as autoridades relacionadas com o registo de nascimento, Registo Civil, Ministério da Saúde, Ministério da Educação, NCCW, CBS e entidades de planeamento estratégico.

As áreas que necessitam de atenção imediata são: promoção e sensibilização, reforço das capacidades do sistema de registo de nascimento e aumento da sua cobertura para chegar às áreas remotas e a grupos específicos de populações (nómadas, crianças de rua, etc.), envolvimento da sociedade civil, organizações de base e líderes e activistas comunitários.

Análise estatística dos dados das crianças susceptíveis de serem registadas à nascença. De um modo geral, os dados do presente estudo mostram que:

1. As pessoas vivem em zonas rurais, têm um acesso limitado aos cuidados de saúde e não são registadas à nascença.
2. As pessoas gostam mais de registar homens do que mulheres.
3. As taxas de registo globais aumentaram de 19% em 2000 para 31% em 2004
5. A pobreza rural pode afetar negativamente o número de crianças registadas
6. Melhorar os conhecimentos e a educação das mães pode beneficiar as taxas de registo de nascimento
7. Não há programação para aumentar as taxas de registo de nascimento.

5.2. Recomendações:

O êxito do processo de registo de nascimento depende de vários factores, tais como: a promoção e a sensibilização, a melhoria e o reforço da infraestrutura existente para o registo de nascimento, a implementação da capacidade institucional e a garantia de uma participação ativa da comunidade através do envolvimento das organizações da sociedade civil.

i) As actividades que se seguem são importantes para sensibilizar as pessoas para a importância do registo de nascimento:

- Campanha para o registo de nascimento: uma campanha a nível nacional pode ajudar a informar as pessoas sobre a importância do registo de nascimento.
- Sensibilização: Através da utilização dos meios de comunicação social: rádio, televisão e jornais, com especial ênfase na rádio, devido ao seu vasto leque de cobertura (incluindo as zonas rurais). Outra forma eficaz de sensibilização poderia ser a utilização de cinema móvel e de teatro de rua. Na conceção das mensagens, devem ser tidas em conta as diversidades culturais e linguísticas do país.
- Envolvimento das organizações da sociedade civil: a tónica deve ser colocada no apoio às ONG e a outras organizações da sociedade civil para que participem na promoção do registo de nascimento e nas campanhas de registo direto.

ii) Apoio às infra-estruturas de registo de nascimento:

É necessário apoiar o reforço das capacidades a todos os níveis do sistema de registo de nascimento.

Nas zonas rurais e remotas, sugerem-se as seguintes actividades para aumentar a cobertura e a eficácia do registo de nascimento:

- Formar os profissionais de saúde e os voluntários (pessoas de confiança) na recolha de dados sobre o registo de nascimento.
- Incentivar as ONG que trabalham ao nível das bases a incorporar elementos de sensibilização para o registo de nascimento nas suas actividades e projectos comunitários.

A nível local e urbano:

- Realizar seminários de orientação para parteiras e líderes comunitários sobre a importância do registo atempado dos nascimentos nas suas áreas.
- Fornecer às parteiras e às parteiras tradicionais os formatos necessários para a notificação de eventos de nascimento.
- Incentivar as autoridades a limitarem as taxas sobre as certidões de nascimento (se necessário) aos preços de recuperação dos custos.

A nível central:

- Reforçar a capacidade da infraestrutura física do sistema de registo de nascimento, através da introdução de tecnologias modernas de processamento, transmissão e armazenamento de dados, a fim de evitar a deterioração destes documentos vitais.
- Incentivar a coordenação de actividades entre todas as autoridades envolvidas no registo de nascimento e na emissão de certidões de nascimento.
- Efetuar a avaliação das necessidades de formação do pessoal, desenvolver e aplicar um plano de reforço das capacidades dos recursos humanos, incluindo a conceção e a divulgação de guias e manuais.

Referências:

Lei do Registo Civil de 2001. Assembleia Nacional do Sudão.

Lei do registo de nascimento e de óbito/ Sudão 1972.

Lei do registo de nascimento e de óbito /Sudão 1995.

Lei da Estatística de 2003. Conselho de Ministros -Sudão.

Relatório Anual de Estatísticas da Saúde - FMOH 2000-2004 ...

Projecções da população para o Sudão 1993-2018. CBS

Direito da Criança 2004.

Innocenti Digest .No.9 UNICEF - março de 2002 -.

O início "correto" da vida. Relatório anual da UNICEF 2005. Documentos internacionais sobre direitos humanos - P.R.Ghandhi -2002

Regras que regem o registo e a certificação de eventos vitais

Guia do utilizador do EViews.

Análise conjunta de dados genéticos: A Associação dos Polimorfismos do Recetor de Leptina (LEPR) com Variáveis Relacionadas com a Adiposidade Humana

O procedimento TSCSREG

Edward J. , Predicting Random Effects in Group Randomized Trials (Previsão de efeitos aleatórios em ensaios aleatórios de grupo). Stanek III.

Xiujian Chen, Shu Lin e W. Robert Reed OUTRO OLHAR SOBRE O QUE FAZER COM OS DADOS DE SÉRIE TEMPORAL DE SECÇÃO CRUZADA.

Jonathan N. Katz3, Modelos de coeficientes aleatórios para séries temporais e dados transversais1, Nathaniel Beck2 .

APÊNDICE 1

Nascimentos registrados nas unidades de saúde por estados em 2000

Estados	Nascimento vivo		Nascimento		Total		Total
	Homens	Mulheres	Homens	Mulheres	Homens	Mulheres	
Cartum	53105	51167	1496	1158	54600	52325	106925
Gezira	5683	5382	245	164	5928	5546	11474
W.Nilo	4568	2337	155	79	4723	2416	7139
B. Nilo	0	0	0	0	0	0	0
Sinnar	2287	2154	84	76	2371	2230	4601
Norte	4664	4169	20	10	4684	4179	8863
R. Nilo	2205	2243	192	155	2397	2398	4795
Gadarief	13408	10890	92	64	13500	10954	24454
Kassala	6685	5727	123	91	6808	5818	12626
Mar Vermelho	7755	4824	84	78	7839	4902	12741
N. kordofan	2461	2183	95	85	2556	2268	4824
S. Cordofão	2124	1867	0	0	2124	1867	3991
W. kordofan	0	0	0	0	0	0	0
N. Darfour	4694	4183	16	20	4710	4203	8913
S.Darfour	0	0	0	0	0	0	0
W. Darfour	0	0	0	0	0	0	0
Total	109639	97126	2601	1980	112240	99106	211346

Fonte: Ministério Federal da Saúde

APÊNDICE 2

Nascimentos Registados em unidades de saúde por estados em 2001

Estados	Nascimento vivo		Nascimento		Total		Total
	Homens	Mulheres	Homens	Mulheres	Homens	Mulheres	
Cartum	54669	43837	940	754	55609	44591	100200
Gezira	6795	6329	252	176	7047	6505	13552
W.Nilo	3706	3752	160	139	3866	3891	7757
B. Nilo	0	0	0	0	0	0	0
Sinnar	3259	2821	84	20	3343	2841	6184
Norte	4468	3812	35	25	4503	3837	8340
R. Nilo	3869	2803	114	107	3983	2910	6893
Gadarief	12374	10162	117	104	12491	10266	22757
Kassala	6072	4709	217	98	6289	4807	11096
Mar Vermelho	5343	4518	106	71	5449	4589	10038
N. kordofan	2976	2582	105	98	3081	2680	5761
S. Cordofão	3037	2631	56	47	3093	2678	5771
W. kordofan	0	0	0	0	0	0	0
N. Darfour	2419	2075	0	0	2419	2075	4494
S.Darfour	779	769	44	25	823	794	1617
W. Darfour	518	570	25	19	543	589	1132
Total	110284	91370	2255	1683	112539	93053	205592

Fonte: Ministério Federal da Saúde

APÊNDICE 3

Nascimentos Registrados em unidades de saúde por estados em 2002

Estados	Nascimento vivo		Nascimento		Total		Total
	Homens	Mulheres	Homens	Mulheres	Homens	Mulheres	
Cartum	5863	54879	1358	1141	59621	56020	115641
Gezira	8833	8922	284	189	9117	9111	18228
W.Nilo	3920	3593	139	120	4059	3713	7772
B. Nilo	2429	2459	0	0	2429	2459	4888
Sinnar	2772	2991	60	72	2832	3063	5895
Norte	4352	3891	46	15	4398	3906	8304
R. Nilo	3467	3162	139	130	3606	3292	6898
Gadarief	11762	10100	172	158	11934	10258	22192
Kassala	7385	6694	137	123	7522	6817	14339
Mar Vermelho	5324	4680	78	61	5402	4741	10143
N. kordofan	1589	1582	25	41	1614	1623	3237
S. Cordofão	3485	994	43	64	3549	1037	4586
W. kordofan	1184	1033	0	0	1184	1033	2217
N. Darfour	759	800	0	0	759	800	1559
S.Darfour	632	582	72	39	704	621	1325
W. Darfour	959	802	46	39	1005	841	1846
Total	117115	107164	2620	2171	119735	109335	229070

Fonte: Ministério Federal da Saúde

APÊNDICE 4

Nascimentos registrados em unidades de saúde por estados em 2003

Estados	Nascimento vivo		Nascimento		Total		Total
	Homens	Mulheres	Homens	Mulheres	Homens	Mulheres	
Cartum	18916	18128	461	425	19377	18553	37930
Gezira	7920	7900	260	183	8180	8083	16263
W.Nilo	3883	3620	172	116	4055	3736	7791
B. Nilo	1616	1579	0	0	1616	1579	3195
Sinnar	4128	4074	72	75	4200	4149	8349
Norte	4381	4248	41	59	4422	4307	8729
R. Nilo	4409	3980	149	150	4558	4130	8688
Gadarief	13571	11495	89	63	13660	11558	25218
Kassala	6765	5270	142	146	6907	5416	12323
Mar Vermelho	5690	5307	76	13	5766	5320	11086
N. kordofan	2992	2659	92	60	3084	2719	5803
S. Cordofão	2835	3523	69	30	2904	3553	6457
W. kordofan	945	994	0	0	945	994	1939
N. Darfour	2569	2445	7	4	2576	2449	5025
S.Darfour	2094	1304	125	154	2219	1458	3677
W. Darfour	459	318	15	9	474	327	801
Total	83173	76844	1770	1487	84943	78331	163274

Fonte: Ministério Federal da Saúde

APÊNDICE 5

Nascimentos registrados em unidades de saúde por estados em 2004

Estados	Nascimento vivo		Nascimento		Total		Total
	Homens	Mulheres	Homens	Mulheres	Homens	Mulheres	
Cartum	70331	66362	2240	1982	72571	68344	140915
Gezira	11044	101113	486	355	11530	101468	112998
W.Nilo	4972	4492	301	170	5273	4662	9935
B. Nilo	410	741	10	8	420	749	1169
Sinnar	3560	4577	88	77	3648	4654	8302
Norte	4554	4338	73	40	4627	4378	9005
R. Nilo	4282	4181	204	149	4486	4330	8816
Gadarief	15308	12368	120	86	15428	12454	27882
Kassala	6478	5480	213	189	6691	5669	12360
Mar Vermelho	6044	5483	38	57	6082	5540	11622
N. kordofan	9551	8987	77	42	9628	9029	18657
S. Cordofão	2841	2690	47	35	2888	2725	5613
W. kordofan	1324	1166	2	0	1326	1166	2492
N. Darfour	6454	5793	18	26	6472	5819	12291
S.Darfour	13	419	54	35	67	454	521
W. Darfour	501	301	42	37	543	338	881
Total	147667	228491	4013	3288	151680	231779	383459

Fonte: Ministério Federal da Saúde

Printed by Books on Demand GmbH, Norderstedt / Germany